走近圣贤丛书

丛书总主编 舒大刚

走近孔子

德侔天地
道冠古今
感悟仁义之美

舒大刚 撰

山东城市出版传媒集团·济南出版社

图书在版编目（CIP）数据

走近孔子 / 舒大刚撰. -- 济南：济南出版社，
2020.1（2023.1重印）

（走近圣贤 / 舒大刚主编）

ISBN 978-7-5488-4078-7

Ⅰ.①走… Ⅱ.①舒… Ⅲ.①孔丘（前551–前479）
—生平事迹 Ⅳ.①B822.2

中国版本图书馆CIP数据核字（2020）第024227号

出 版 人	崔　刚
丛书策划	冀瑞雪
责任编辑	孙育臣
封面设计	李海峰

出版发行	济南出版社
地　　址	山东省济南市二环南路1号（250002）
编辑热线	0531—86131747（编辑室）
发行热线	82709072　86131701　86131729　82924885（发行部）
印　　刷	山东潍坊新华印务有限责任公司
版　　次	2020年4月第1版
印　　次	2023年1月第2次印刷
成品尺寸	150 mm×230 mm　16开
印　　张	10.75
字　　数	150千
印　　数	5001–9000册
定　　价	37.00元

（济南版图书，如有印装错误，请与出版社联系调换。联系电话：0531–86131736）

总　序

这是一个需要圣人而且产生了圣人的时代。

在公元前800年—公元前200年,在地球北纬20°和北纬40°之间的地域,世界上一批思想巨星和艺术宗匠闪亮登场,他们的思想和学说照亮了历史的天空,开启了人类的智慧,并一直温暖着人们的心灵。

那是一个群雄纷争、诸邦并列的时代:在古代欧洲,是希腊、罗马各自为政的城邦制时代;在南亚次大陆,是小国林立、诸邦互斗的局面;在古代中国,则是从"溥天之下,莫非王土"的西周王朝,转入了诸侯争霸、七雄战乱的"春秋战国"时代。那时天下大乱,战火连绵,强凌弱,众暴寡,争地以战杀人盈野,争城以战杀人盈城,百姓生活在被侵袭、蹂躏和面临死亡的威胁之中。如何才能恢复社会秩序,实现社会安定? 什么才是理想的治国安邦良策? 芸芸众生的意义何在? 人类前途的命运何在? 正是出于对这些现实问题的思考,一批批先知先觉诞生了,一服服治世良方出现了。人类历史也由此进入了智慧大爆发、思想大解放的"诸子并起,百家争鸣"时代!

在古波斯,琐罗亚斯德(前628—前551)出现了;在古希腊,苏格拉底(前469—前399)、柏拉图(前427—前347)出现了;在以色列,犹太教先知们出现了;在古印度,佛陀释迦牟尼(约前565—前485)诞生了;在中国,则有管子(约前723—前645)、老子(约前571—前471)、孔子(前551—前479)、孙子(约前545—约前470)、墨子(约前475—前395)等一大批精神导师、圣人贤人横空出世! 德国哲学家雅斯贝尔斯在 1949 年出版的《历史的起源与目标》中,将这一时期定义为"轴心时代",并认为,"轴心时代"思想家们提出的思想原则,塑造了不同的文化传统,也一直影响着人类未来的生活。在希腊、以色列、中国和印度的古代文化都发生了"终极关怀的觉醒",智者们开始用理智的方法、道德的方式来面对这个世界,同时也产生了宗教和哲学,从而形成了不同类型的智慧,逐渐形成了"中国文化圈""佛教和印度教文化圈""希腊—罗马和犹太—基督教文化圈",决定了今天西方、印度、中国、伊斯兰不同的文化形态。这些文化圈内人们的思想因为有了"轴心时代"思想家的智慧火花,才一次又一次地被点燃,这些文化也才一代又一代地得以传承和发展。

相反,由于没有"轴心时代"先知先觉思想的恩惠,一些古老文明也就无缘实现自己的超越与突破,如古巴比伦文化、古埃及文化、古玛雅文化,它们虽然都曾经规模宏大、雄极一时,但最终都被历史的岁月无情地演变成文化的化石。

中华民族以其悠久的历史和灿烂的文化屹立于世界民族之林,中华文化历经数千年而不衰竭,今日更以雄姿英发之势,傲视寰宇。它不仅是"世界四大古文明"(古埃及、古巴比伦、古印度和中国)中唯一迄今仍然巍然独立、生生不息的一个,也是上述四大文化圈中传承序列最明晰、文化形态最温和、可持续性最强的一种文化。

浩浩龙脉,泱泱华夏,何以能创造如此文明奇迹?中国"轴心时代"期间的"诸子百家"、圣人贤人所做的绝妙思考和留下的精神财富,无疑就是历代中国人获取治国安邦之术的智慧源泉。在这一群圣人贤人之中,有德有位、立言立功、多才多艺的周公(姓姬,名旦)无疑是东方智慧大开启的奠基者。历五百年,随着王室东迁、文献流播,而有管子、老子、孔子、孙子者出。管子是用知识和理想治理社会和国家而获得成功的第一人,是后世儒与法、道与名诸多原理的蕴蓄者。老子曾为周守藏室史,主柱下方书,善观历史,洞晓盛衰,得万事无常之真谛，故倡言不争无为，而为道家鼻祖。孙子虽言兵，然而崇仁尚智，以兵去兵，而为兵家之神圣。同时，有孔子者出，远法尧舜之美，近述周公之礼，删六艺以成"六经"，开学官以授弟子，于是乎礼及庶人，学术下移，弟子三千，达徒七十有二，口诵"六经"，身行孝敬，法礼乐，倡仁义之儒家学派因而诞生！

自是之后，民智大开，学术鼎盛，家有智慧，人有热忱，皆各引一端，各树一帜，于是崇俭兼爱的墨家（以墨翟、禽滑釐为代表），明法善断的法家（以申不害、商鞅、韩非为代表），循名责实的名家（以邓析、公孙龙为代表），务耕力织的农家（以许行、陈相为代表），清虚自守的道家（以文子、庄子为代表），象天制历的阴阳家（以子韦、邹奭、邹衍为代表），以及博采众长的杂家（以尸佼、吕不韦为代表），纵横捭阖的纵横家（以鬼谷子、苏秦、张仪为代表），纷纷出焉，蔚为人类思想史上之大观！

诸家虽然持说不同、观点互异，但其救世务急之心则一。善于汲取各家智慧，品读各家妙论，折中去取，必收相反相成、取长补短之效。《诗》曰："我思古人，实获我心！"生今之世，学古之人，非徒抒吊古之幽情、发今昔巨变之慨叹而已，亦犹有返本开新、鉴古知今之效云尔！

是为序！

目 录

汉唐书局

前　言

孔子(前551—前479)是古代教育家、思想家和政治家,他出生于没落贵族家庭,幼而贫贱,通过刻苦自学,位至大司寇,摄行相事,他是春秋时期"学然后从政"和"学而优则仕"的典型。他熟知历史,乐天知命,精习礼乐,提倡仁义,为救世救民辗转南北,奔波东西,虽然未能大展其才,然而他那百折不挠、天下为己任的精神,被当世贤者赞为救世之"木铎"。他高风亮节,知识渊博,道德人格更是令人折服!

他一生从教,弟子三千,贤者七十二,形成了我国历史上产生最早、影响最深、气势庞大的真正的学术流派——"儒家"。他修订《六经》(即《易》《书》《诗》《礼》《乐》《春秋》),托古见意,成为后世研之不穷的圣经宝典。特别是他那宏大的思想体系,实际的人生哲理,更成了后儒演绎不尽、汲溉千古的精神源泉……尤其是他一生行教,四处游说,开启了私人办学的新风,点燃了人民智慧的火焰,实际上引导和促成了"百家争鸣"时代的到来,更是中国"轴心时代"的伟大导师!

孔子心爱的弟子颜回感叹说:"仰之弥高,钻之弥坚。瞻之在前,忽焉在后。夫子循循然善诱人,博我以文,约我以礼,欲罢不能。既竭吾才,如有所立卓尔。虽欲从之,末由也已!"(《论语·子罕》)

中国史学之父司马迁也说:"天下君王至于贤人众矣。当时则荣,死则已焉。孔子布衣,传十余世,学者宗之。自天子王侯,中国言'六艺'者折中于夫子,可谓至圣矣!"(《史记·孔子世家》)

　　这不仅是颜回、司马迁之私言,也是千百年来中国人的共同感受。孔子的人格高如南山,孔子的智慧博大无边,凡是读孔氏书、想见其为人的人,无不如沐春风,身心快畅,也无不被其感召而心悦诚服!随着汉武帝"罢黜百家,表彰六经"国策的确立,孔子思想对中国人的家庭生活、社会生活和政治生活影响深远,成为塑造中国思维和中华文化的模型范式。

　　生今之世,思古之人,孔子自然是我们首先想到的最佳人选!处今之事,学古之智,孔子当然也是我们最希望获得有益教诲的至圣先师。

第一章　孔子其人:仰之弥高,钻之弥坚

——圣人的风采

民族因圣人而昌盛,文化因圣人而辉煌。岂不是吗? 欧洲因为有耶稣基督而文明,印度因为有释迦牟尼而神圣,阿拉伯人因为有穆罕默德而辉煌,中国文化也因为有自己的精神领袖——孔子而伟大。

孔子是中国的至圣先师,他的思想和智慧独具特色,自成体系,流传广泛,影响深远,是中华智慧的精神源泉,是中国文化塑造的典范。宋代蜀人说:"天不生仲尼,万古如长夜!"孔子的教诲驱散了愚昧的迷雾,孔子的思想照亮了黑暗的时代。

耶稣基督、释迦牟尼、穆罕默德都成了宗教教主而被神化,脱离凡尘俗世也愈来愈远,孔子却始终保持其人间智者、万世师表、凡世圣人的本色,一直与世人亲切相处,无微不至地影响着中国人的教育活动、思维活动以及其他精神生活。他是一个哲学家、思想家,又是一个教育家和道德实践家。

作为一个智者,他给人以满腔热忱的教诲,给人以丰富多彩的智慧,也给人如沐春风般的关切。中国人民世世代代崇敬他、纪念他和学习他,他的思想也走出国门,施教八方,赢得世界范围的荣誉和爱戴。他被推为对人类文化有卓越贡献和深远影响的世界"十大思想家"之一,并荣居榜首。①

---

① "十大思想家":孔子、柏拉图、亚里士多德、阿奎那、哥白尼、培根、牛顿、达尔文、伏尔泰、康德。见 1984 年美国《人民年鉴手册》。

第一节　从孤儿到良师

孔子事迹,在《史记》有传,称《孔子世家》。孔子,名丘,字仲尼,公元前551年出生于鲁国陬邑昌平乡。昌平乡在今山东曲阜东南30公里的尼山附近。尼山西南有昌平山,山脚有昌平亭,山下昌平之鲁源村。

孔子祖先本是宋国公族,是殷代"三仁"之一微子启的后裔。孔子祖先一系本是微子嫡传,至弗父何让位于弟弟宋厉公,遂由公室降为辅政公族。六世祖孔父嘉在政治斗争中失利,遭到杀身夺妻之祸。《左传》桓公二年记载,"宋华父督见孔父(嘉)之妻于路,目逆而送之曰:'美而艳。'二年春,宋督攻孔氏,杀孔父而取其妻。(宋殇)公怒,(华父)督惧,遂弑殇公"。据此,孔父嘉与华父督的矛盾似为夺妻,但同年三月《左传》又曰,"宋殇公立,十年十一战,民不堪命。孔父嘉为司马(掌兵),(华父)督为大宰(执政),故因民之不堪命,先宣言曰:'司马则然。'已杀孔父而弑殇公"。可见孔父嘉的失败,实为政治上的失误被人构陷所致。

子弟畏于仇家,逃难于鲁国,世居陬邑,于是成为鲁国人。古代得姓的原因很多,其中有"以王父之字为姓"之制。"孔父嘉","孔父"是字,"嘉"才是名,就像前面的"弗父何"、后面的"叔梁纥"一样,"弗父""叔梁"都是字,"何""纥"才是名。孔父嘉的后人以"孔"为姓,孔父嘉就成了孔子这一支的远祖。

《孔子家语·本姓解》载:"孔父生子木金父,金父生睪夷,睪夷生防叔,避华氏之祸而奔鲁。"似乎孔父嘉之后,至曾孙孔防叔时,孔氏子孙始奔鲁国,不确。崔述《考信录》云:"孔父为华督所杀,其子避祸奔鲁可也。防叔其曾孙也,其世当宋襄、成间,于时华氏稍衰,初无构乱之事,防叔安得避华氏之祸?"崔氏所疑有理。孔子祖先之奔鲁,应在木金父之时。

在鲁国,孔氏子孙四代皆不显,直到孔子父亲叔梁纥,才稍有事迹见称于史籍。叔梁纥身强力壮,勇武有谋,是颇有名气的武士,累功积勋,升为陬邑大夫,故又称"陬人纥"。后世以孔子贵,封为"梁公"。

叔梁纥先娶施氏女为妻,生有九女;再娶一妾,生子孟皮,病足。晚年乃与颜氏女徵在结合而生孔子。关于孔子出生,《史记·孔子世家》曾记载说:"纥与颜氏女野合而生孔子。"何为"野合"? 司马贞《索隐》注云,"《家语·本姓》云:'梁纥娶鲁之施氏,生九女。其妾生孟皮。孟皮病足,乃求婚于颜氏,徵在以父命为婚。'其文甚明。今此云'野合'者,盖谓梁纥老而徵在少,非当壮室初笄之礼,故云野合,谓不合礼仪"。张守节《正义》:"男八月生齿,八岁毁齿,二八十六阳道通,八八六十四阳道绝。女七月生齿,七岁毁齿,二七十四阴道通,七七四十九阴道绝。婚姻过此者,皆为野合。……据此,婚过六十四矣。"根据两家注释,"野合"是指结婚年龄悬殊,不合礼仪。亦有人认为"野合"是上古求子的婚俗,以为男女的野外结合,容易得子,但这不能说孔子是"私生子"。因为那也是合乎古代婚俗的。

孔子生来头上圩顶,有似阿丘,故取名为丘。孔子生前,其父母曾祷于尼丘之山,故取字仲尼。在尼丘山东麓至今尚有坤灵洞,相传当年叔梁纥、颜徵在即祈祷于此,并于洞中生下孔子。洞内原有石刻孔子像、夫子几、夫子床等物件。

不幸的是,孔子刚三岁,父亲叔梁纥就死了,孔子随母移居曲阜阙里。

孔子少年时代生活十分艰苦,自幼年起即帮助孀居的母亲干些活儿,他后来回忆说:"吾少也贱,故多能鄙事。"(《论语·子罕》)因而他体知下情,关心民瘼,也多才多艺,技能全面。

稍长,孔子曾给季孙氏当过管理仓库的"委吏"和负责畜牧工作的

"乘田"。《孟子》和《史记》都记载了此事。《孟子·万章下》载,"孔子尝为委吏矣,曰:'会计当而已矣。'尝为乘田矣,曰:'牛羊茁壮长而已矣'"。《史记·孔子世家》也说:"孔子贫且贱,及长,尝为季氏史,而料量平;尝为司职吏,而畜蕃息。"

孔子身高九尺六寸(约合今 2.16 米),号称"长人"。与他父亲叔梁纥一样,力大无比,可托起城门①。

孔子少而好学,长而知礼,青年时即以博学多才饮誉于上流社会。鲁国是西周开国元勋周公的封国,经伯禽等历代鲁君的治理,人民以孝谨闻,风俗以礼乐胜。由于周公辅佐成王的历史功勋,周天子特许鲁国在礼乐制度上具有优于其他诸侯国的特权,鲁国祭祀享有天子之礼。《礼记·明堂位》说,周王"命鲁公世世祀周公以天子礼"(《史记·鲁周公世家》)。《明堂位》又说:"凡四代(唐、虞、夏、商)之器、服、官,鲁兼用之,是故鲁王礼也。"鲁因藏有唐、虞、夏、商的礼器,拥有周王才享有的全套礼仪,这是其他任何诸侯国都无法比拟的。历史经过数百年的演变,至春秋末年已经礼坏乐崩,斯文扫地,许多诸侯国已不知道周礼的内容了,他们要想知道周礼的规模,都不得不到鲁国来"观礼"。《左传》襄公十年载:"诸侯宋、鲁,于是观礼。"因为宋国是殷人的后裔所封,鲁国是周公的封国,故有先王之礼仪可以观瞻。《左传》昭公二年记,韩宣子使鲁,见《易象》与《鲁春秋》,喟然叹曰:"周礼尽在鲁矣。"襄公二十九年记,吴季札聘于中国,唯有在鲁国观《礼》听《乐》后,才叹为"观止"。尽管当时天下都不讲礼了,但鲁国的礼乐文化却甲于诸侯,衣冠文物盛于天下。

孔子随母亲迁居都城曲阜,便在这个文化氛围中养成了知书好礼的习性。《史记》说"孔子为儿嬉戏,常陈俎豆,设礼容",模仿大人学

---

① 《吕氏春秋·慎大》说:"孔子之劲,举国门之关(城门),而不肯以力闻。"《淮南子·道应》同,《主术》又曰:"孔子之通,智过于苌弘,勇服于孟贲(大力士),足蹑郊菟(兔),力招城关,能亦多矣。"

习典礼之事。当时天下大乱，唯利是图，淫靡成风，世风不竞，平民百姓无由知晓礼乐，纨绔子弟又没有兴趣问津礼乐，整个社会从风俗习惯、精神面貌到政治生活，都出现了越礼僭位的现象，严重影响了社会的治安与和谐。

孔子出于对礼乐的特殊爱好，也为了练就"说礼乐，敦诗书"（《左传》）的才能，以便获得仕进的机会，在十五岁时便立志进行系统学习和深入研究。《论语·为政》记孔子曰："吾十有五而志于学，三十而立，四十而不惑，五十而知天命，六十而耳顺，七十而从心所欲不逾矩。"从此走上一条追求文明理性、诗书礼乐的道路。他"食无求饱，居无求安"（《论语·学而》），"学而不厌"（《论语·述而》），处处留意，人人为师。《论语·述而》载孔子自谓："三人行，必有我师焉，择其善者而从之，其不善者而改之。""见贤思齐焉，见不贤而内自省也。"《子张》载卫公孙朝问："仲尼焉学？""子贡曰：'文武之道，未坠于地，在人。贤者识其大者，不贤者识其小者，莫不有文武之道焉。夫子焉不学？而亦何常师之有？'"即是其好学博问的真实记录。

孔子未及弱冠，即以"博学""知礼"闻名于士大夫之间，还引起了鲁昭公的注意。孔子十九岁娶妻亓（qí）官氏（《孔子家语·本姓解》），二十岁生子，鲁昭公特地赐以双鲤，以示褒奖。孔子荣之，将儿子取名为"鲤"，字之"伯鱼"。

到了三十岁时，孔子已学会礼、乐、射、御、书、数六种技艺（号称"六艺"），全面具备了贵族社会引为至能的全套本领。孔子三十而立之"立"，乃立于礼。孔子曾说："不学礼，无以立。"（《论语·季氏》）又说："兴于诗，立于礼，成于乐。"（《论语·泰伯》）可见孔子"三十而立"之时，已掌握了以礼乐为核心内容的"六艺"。于是赢得了当时鲁国最有权势的三家大夫（"三桓"）的赞赏。

《左传》昭公七年记载说，这年九月，鲁昭公与楚君相会，孟僖子从，在外交活动中却不能相礼，回来之后，孟僖子即提倡学礼。临死时,召其大夫曰:"礼,人之干也。无礼,无以立。吾闻将有达者曰孔丘,圣人之后也,而灭于宋……臧孙纥有言曰:'圣人有明德者,若不当世,其后必有达人。'今其将在孔丘乎?"于是派自己的两个儿子孟懿子、南宫敬叔师事孔子。其时孔子才三十四岁。

"桃李不言,下自成蹊。"孔子博学渊深,深得人们崇敬,不少青年相率跟随他学习礼乐技能和文化知识。孔子于是开讲堂,设杏坛,招门徒,弦歌鼓瑟,研习礼乐。《庄子·渔父》曰:"孔子游乎缁帷之林,休坐乎杏坛之上。弟子读书,孔子弦歌鼓琴。"即是当年孔子首开私人讲学之风的真实写照。

孔子在鲁国讲学的意义是十分深远的。其一,孔子使教育由官府下放到民间,是中国民办教育的开端。在这以前,"学在官府",各级学校为政府所控制,《礼记·学记》云:"古之教者,家(大夫)有塾,党有庠,术(州)有序,国有学。"教育都是大夫之家(贵族)以上的事情,平民子弟很少有机会。

其二,自孔子始,中国才有了专门从事教育职业的教师,便于教学方法和教学水平的改进和提高。孔子以前没有专职教师,各级学校只以年老退休的官员担任教职。《荀子·法行》载:"孔子曰'君子有三思,而不可不思也。少而不学,长无能也;老而不教,死无思也;有而不施,穷无与也。是故君子少思长则学,老思死则教,有思穷则施也。'"又《宥坐》记,"孔子曰:'幼不能强学,老无以教,吾耻之'"。从孔子"老而教"的话语中可知,当时没有专职教员,执教者都是老年士大夫。

其三,孔子打破了从前贵族垄断教育的格局,使下层人民也有接受教育的机会和权利。从前"礼不下庶人",但是教育即是习礼的过程,庶人当然无缘参与礼乐之事。孔子教学实行"有教无类"(《论语·卫灵公》)的教育方针,不论贵贱贫富,都可以在他那里接受教育。他曾自叙:"自行束修以上,吾未尝无诲焉。"(《论语·述而》)只要能交纳起码的求师礼物的,孔子都热情地予以教诲。他还认为:"性相近也,习相远也。"(《论语·阳货》)没有天生的坏人和愚蠢,只是后天的习染才使人分出优劣和好坏。只要接受教育,人人都可以通过学习充实改造自己,变换气质,成为有用的人。

其四,孔子确立了明确的教育方向,那就是对上层人物进行教育,使其唤醒仁义爱心,减轻对人民的无情剥削和残酷压迫;对下层人民进行教育,使其明白职分,遵守规矩,成为好的公民。通过教育从上下两个方面来提高个人素质和实现社会的安定与和谐。"君子(统治者)学道则爱人,小人(被统治者)学道则易使也。"(《论语·阳货》)这一句话就是很好的证明。

其五,孔子编选了固定的教材,即"六经"。他删《诗》《书》,订《礼》《乐》,赞《易》,修《春秋》,整理古代文献,用于文化教育,这就是盛传两千多年的"六经",又称"六艺"。《史记》称:"孔子以《诗》《书》《礼》《乐》教,弟子盖三千焉,身通六艺者七十有二人。""六艺"即指此"六经"。

总之,孔子在中国教育事业上的贡献是多方面的,也是巨大的。在那样早的时代,进行如此系统的教学,这在人类文化史上也是第一次,比柏拉图在古希腊开办"学园"早了百余年。

孔子以极大的热情投入教学,"学而不厌,诲人不倦"(《论语·述而》)。

孔子教学善于因材施教,循循善诱。他曾总结自己的教学经验曰:"中人以上,可以语上也;中人以下,不可以语上也。"(《论语·雍也》)他认为应根据智力和修养的程度,分别予以不同深度的教学,从而使各类学生都获得与其智力和学养相称的培养,引得无数青年学子大为折服。孔子的得意弟子颜渊曾感叹说:"夫子循循然善诱人,博我以文,约我以礼,欲罢不能。"(《论语·子罕》)

不少青年就是在孔子的引导下,由浅入深,由野蛮到文明,甚而从平凡到贤智,步步深入,级级登高,成为青史留名的圣贤传人。相传孔子弟子三千,其中深通"六艺"的就有七十二人(即"七十二贤"),而成为圣贤的有十人(即"十哲"),这些都是孔子因材施教结出的丰硕成果。

弟子愈来愈多,孔子的声名也愈来愈大。《论语·子罕》记,"达巷党人曰:'大哉孔子'"!《史记》载:孔子三十岁时,齐景公访鲁,曾造访孔子。一个平民能引起外国君主的重视,可见孔子已是具有"国际"影响力的重量级人物了。

为了进一步充实自己,丰富和完善礼制,孔子曾在鲁昭公的资助下,到过宗周洛阳学习周礼,并向周朝的柱下史官、道家学派创始人老聃问学。《史记》载,"南宫敬叔言鲁君曰:'请与孔子适周。'鲁君与之一乘车,两马,一竖子俱,适周问礼,盖见老子云"。此外,孔子为了研习夏礼到过杞国,为研习殷礼到过宋国,都颇有收获。他曾云:"吾欲观夏道,是故之杞……吾得《夏时》焉;吾欲观殷道,是故之宋……吾得《坤乾》焉。"(《礼记·礼运》)

因此,他开阔了眼界,提高了认识。通过比较夏、商、周三代礼制,孔子觉得夏、商世远,礼缺有间,文献无征,相比之下,只有周礼最为完美。他说:"夏礼吾能言之,杞不足徵也;殷礼吾能言之,宋不足徵也。文献不足故也。"(《论语·八佾》)于是他将周礼确定为终身追求的文化模式,并赞叹说:"郁郁乎文哉,吾从周!"(《论语·八佾》)

由于周公"制礼作乐",西周社会结束了夏商时期(特别是商之末世)的残暴状态,社会走向文明礼制。特别是实行"宗法制",使贵族集团确立了合理的财产和权力继承制,避免了许多内部的纷争,加强了内部的团结,实现了政治稳定;实行"井田制",使生产力和生产资料紧密结合,增加了社会财富,促进了经济繁荣;实行"分封制",将近亲和远戚,尤其是有功之臣,分封到"天下""万国"各个地方,起到了对王室的拱卫作用,加强了对边远地区的开发和控制。西周统治者放马南山,偃武修文,使天下人民得以休养生息,也使社会的价值观向和平、礼乐方面转化，这些都是促使中国社会迅速进步、文明程度大为提高的重要保证。孔子对周礼的陶醉和提倡，使文王、武王、周公以来形成的礼乐文明得以提倡和延续，这对中国和平文明、好礼重德之风的形成，具有重大促进作用。如果说，中国文化因周公而文明，而中华文明又因孔子而久远。

第二节　隐居以求其志

凭着孔子对周礼的精熟，要想进入贵族阶层，取得利禄，应是易如反掌。但孔子对鲁国当时的形势非常失望：鲁君具位，"三桓"①专权。三桓世代把持朝政，不将鲁公放在眼里。"三桓"中的季孙氏实力最雄厚，"富于周公"（《论语·先进》），权势很大。"三桓"世代把持朝政，鲁君成了他们较量实力、分配权力的傀儡。他们独揽朝政，僭用礼乐，专行征伐。鲁昭公时，鲁国大臣乐祁已说："政在季氏三世矣，鲁君丧政四公矣。"（《左传》昭公二十五年）季氏自季文子、季武子、季平子三代以来，世为鲁宣公、鲁成公、鲁襄公、鲁昭公四代君主执政大臣，使鲁君大权旁落，政在大夫。

这一状况至鲁定公时更为严重。当时季桓子执政，作威作福，专权擅禄。孔子惊呼："禄之去（离）公室五世矣，政逮于大夫四世矣，故夫三桓之子孙微矣。"（《论语·季氏》）

后来，"三桓"的家臣强大起来，又取"三桓"而代之，出现"陪臣执国命"的现象，这更是孔子不能容忍的现象。他认为："天下有道，则礼乐征伐自天子出；天下无道，则礼乐征伐自诸侯出。自诸侯出，盖十世希（稀）不失矣；自大夫出，五世希不失矣；陪臣执国命，三世希不失矣。天下有道，则政不在大夫。"（《论语·季氏》）天子，即周王，是天下共

---

① 三桓：孟孙氏、叔孙氏、季孙氏。三家是鲁桓公的后裔，故称三桓。

主,具有颁定礼乐、决定征伐的绝对权威。诸侯,是周天子所封的以拱卫周王室为职志的地方国家;大夫,是诸侯的臣子,是诸侯的枝辅和附属;陪臣是大夫的家臣,是大夫的管家。天子号令诸侯,诸侯统帅大夫,大夫支使陪臣,在孔子看来,这是天经地义的事情,照这个顺序运转,社会就有秩序,就能重致西周的太平盛世,这就是"天下有道";不照这个顺序运转,社会就会出现混乱,天下就永无宁日,这就是"天下无道"。

"学而优则仕。"孔子并不反对出仕,但他出仕的目的是复兴周礼,即维护周礼的等级秩序,合乎这个秩序的他就赞成、参与,不合乎这个秩序他就反对、回避。他为自己规定的出仕原则是:"天下有道则见,无道则隐。邦有道,贫且贱焉,耻也;邦无道,富且贵焉,耻也。"(《论语·泰伯》)面对这个"无道"的现实,孔子自然不会委屈求全、同流合污。他情愿做个隐君子,优游涵泳,颐养性情:"隐居以求其志,行义以达其道。"(《论语·季氏》)孔子弟子子路也说:"君子之仕也,行其义也。"当官是为了"行义",当官若不能"行义",当然就可以"卷而怀之"了。

在五十岁以前,孔子或埋首书斋,以艺文为事;或游山玩水,弄沂水之清波;或丝竹管弦,乐育天下之英才,砥砺一己之德行。在他三十五岁时,鲁国发生了以"斗鸡"为导火线的政治危机,这件事对孔子触动很大。鲁昭公二十五年,季平子与郈昭伯斗鸡,"季氏介(戴甲胄)其鸡,郈氏为之金距(配金爪子)",季氏怒,侵郈氏,昭公助郈氏,结果昭公被季氏打败,逃奔齐国,季氏完全接管了鲁国大权。鲁昭公被逐出鲁国,鲁国坠入季氏独揽大权的糟糕境地。在这以前,孔子还对季孙氏寄予厚望,希望通过影响季氏来实行周礼,他出任季氏"委吏"和"乘田"之职,就是这个目的①。可季孙氏不但未被感化,反而变本加

---

① 《吕氏春秋·举难》:"季孙氏劫公家,孔子欲谕术则见外,于是受养而便说,鲁国以訾。"这里揭示了孔子在季氏家任职的原因,但这条记载一直被人忽略,今特标出。

厉,越来越不像话,孔子忍无可忍,亦出走齐国,随君"远播"去了。

　　在齐国,孔子马上引起齐景公的兴趣,齐景公问政于孔子,孔子提出了"君君、臣臣、父父、子子"的"正名"主张,要求人们自觉、自律,克己复礼,各守名分,重振秩序,使社会重新回到既定的轨道"周礼"上来。从孔子的"正名"思想可以看出,此时的孔子,在熟悉"六艺"知识和礼乐技能的基础上,进而形成了"仁、义、礼"三位一体的系统思想。

　　在他看来,"周礼"是整治当时混乱的政治秩序和伦理关系的理想图式,他说:"如用我,其为东周乎!"(《史记·孔子世家》)但是,光有周礼这个外在的强制力量还不够,还需要人的道德自律和人格觉醒,于是,"仁"和"义"就成了实行"周礼"的先决条件和精神准则。他说:"人而不仁,如礼何? 人而不仁,如乐何?"(《论语·八佾》)可见仁是行礼、兴乐的前提条件。又说:"君子义以为质,礼以行之。"(《论语·卫灵公》)可见义又是礼的实质内容。礼即周礼,是维护社会秩序的各种规定;仁即爱心,是人与人之间的友爱情感;义即原则,表现为尊尊贵贵的等级原则。"仁、义、礼"的结合正是孔子治理社会的系统工程。

　　由于社会礼坏乐崩,人欲横流,天下滔滔,君不君,臣不臣,父不父,子不子,社会从政治生活到伦理生活,都缺乏秩序,都没有规矩,故需要礼来重加调整。上篡下僭,名分荡然,伦理扫地,故需要义来加以区别。以强凌弱,以众暴寡,人间被投入弱肉强食的罪恶深渊,故需要仁来实现亲和。"君君、臣臣、父父、子子",正是孔子"正名"思想的具体说明,也是"礼义"思想的核心内容,这对于在春秋乱世中建立等级和谐的社会秩序,可谓病对药投,因而得到齐景公的大力赞赏。《论语·颜渊》记载,"齐景公问政于孔子,孔子对曰:'君君、臣臣、父父、子子。'公曰:'善哉! 信如君不君,臣不臣,父不父,子不子,虽有粟,吾得而食诸'"? 《史记集解》引孔安国曰:"当此之时,陈恒制齐,君不君,臣不臣,故以此对也。"君臣名分不清,秩序混乱,关系颠倒,职权不明,不仅鲁国如此,齐国尤甚。孔子以"正名"相对,正合齐景公下怀。齐景公当下准备将"尼溪之田"封给孔子,但因晏婴反对未果。不过,齐景公还是以鲁国叔孙氏的地位("以季孟之间处之")来对待孔子,孔子在齐国获得了大夫级别的礼遇。

孔子在齐国得到齐景公的知遇,不为无幸。但孔子在齐国最终并没得到重用,齐景公未能实行孔子的主张,孔子见道义不行,遂从齐国回到鲁国。

那时鲁国的政局更加衰败。鲁昭公流亡国外七年,后死于晋国乾侯,鲁定公立。定公立五年,季平子死,季桓子执政,季氏家臣阳虎(《论语》作"阳货")专权。从此,季氏大权旁落,受制于阳虎,鲁国的朝政进一步从大夫落入了家臣之手,鲁国出现了"陪臣执国命"的败落景象。孔子无意仕进,"退而修《诗》《书》《礼》《乐》",传道授徒,于是"弟子弥众,至自远方,莫不受业焉"(《史记·孔子世家》)。在孔子的学生中,除了鲁国人,还有齐人、卫人、秦人、楚人、吴人。孔子的私人学官,真称得上是没有国界的学府。同时,孔子"依于仁,游于艺",继续修炼德行,继续陶冶性情,继续构建自己的理论体系。弟子盈门,礼乐蔚然,诗书之诵朗朗,管弦之声不绝……在这安闲乐易的生活中,孔子怡然自得地度过了四十岁、五十岁,实现了"四十而不惑,五十而知天命"的两大思想飞跃!

"不惑":指思想方法而言,即有智慧,不偏执。《论语·子罕》载,"子曰:'知(智)者不惑,仁者不忧,勇者不惧'"。智、仁、勇为三达德。智即在六艺知识和技能基础上形成的智慧。它表现在待人接物上的灵活性和适中性。《论语·颜渊》载,"子张问崇德、辨惑。子曰:'主忠信,徙义,崇德也;爱之欲其生,恶之欲其死;既欲其生,又欲其死,是惑也'"。又"樊迟游于舞雩台之下,曰:'敢问崇德、修慝、辨惑。'子曰:'善哉问!先事后得,非崇德与?攻其恶,无攻人之恶,非修慝与?一朝之忿,忘其身以及其亲,非惑与?'"两处对"惑"的解释,都是偏激,可见"不惑"即其反面,是有智慧,不偏激,在方法论上即是"中庸"。

"知天命":《孟子·万章上》:"莫之为而为者,天也;莫之致而至者,命也。"天命即客观的规律性和必然性。天命又称"天道"。"命"还有"使命"的意义,《说文》:"命,使也,言天使己如此也。"故"天命"又有客观规律赋予人之使命之意。孔子说:"不知命,无以为君子。"(《论语·尧曰》)即为此义。刘宝楠《论语正义》曰:"命者,立于己而受之于天。""是故知有仁义礼智之道,奉而行之,此君子之知天命也。知己有得于仁义礼智之道,因而推而行之,此圣人之知天命也。"故"天命"兼自然规律、必然性和天赋使命双重含义。

具有博大智慧,处事适度等特征,这是孔子四十岁完成的认知过程;知道规律,体察天命,并且油然而生替天行道的使命感,这是孔子五十岁完成的认知飞跃。如果说孔子三十岁以前基本还只是个博学之士的话,那么至此,孔子已从一个"博学"的学者,进而对世道、人心以及客观规律有了深刻的体认,进入一代哲人、一代伟人的哲人境界了!

第三节　五十而知天命

进入"知命"之年,孔子在认识"天道"的同时,敏锐地感觉到"天道"赋予人的使命——即"天命"。他自诩:"天生德于予。"(《论语·述而》)天赋自己继承"斯文"、传递礼乐,救世救苍生的使命。他认为:"天之将丧斯文也,后死者(自指)不得与于斯文也。"(《论语·子罕》)"斯文"指周礼,如果上天想毁灭"斯文"(周礼),就不应让他知道"斯文",并且油然而生弘扬之感;既然上天让他懂得"斯文"(周礼),那一定就是要他去复兴"斯文",推行"周礼"。

一种强烈的使命感,让孔子觉得再也不能继续隐居了,他要积极入世,亲身参政,重振秩序。于是在他五十岁那年,季孙氏的家臣公山不狃(一作"公山弗扰")以费邑反叛季氏,使人召请孔子,孔子欲利用这一机会重建周公之业,竟然顾不得公山氏的"叛臣"之嫌,有些跃跃欲试了。《史记·孔子世家》记载，"公山不狃以费畔季氏，使人召孔子。孔子循道弥久，温温无所试，莫能己用。曰：'盖周文武起于丰、镐而王，今费虽小，傥庶几乎？'欲往。子路不说（悦），止孔子。孔子曰：'夫召我者岂徒哉？如用我，其为东周乎'"！卒不往。这次出仕机会因子路反对而错过了。

但是不久，孔子这种急欲一试身手的愿望终于实现了。就在公山不狃召行而未果的当年——鲁定公九年，定公委孔子为中都（县邑）宰。孔子获得了试政的机会，他小试牛刀，仅干了一年，便收到政通人和，"四方皆则之"（《史记·孔子世家》）的效果。

孔子于是由中都宰升任司空（管鲁国土木工程），继而又自司空升任大司寇，负责鲁国司法工作。从此，孔子获得用武之地，一展雄才，不久便使鲁国政通人和，他也因此名声远播。鲁定公十年春，齐、鲁相会于夹谷，孔子相礼，当时齐人欲以武力挟持鲁公，孔子大义凛然，义正词严地挫败了齐人的阴谋，使鲁国赢得了国际声望，还收复了被齐人侵占的"郓、汶阳、龟阴之田"。

鲁定公十三年，孔子整顿内政，抑制"三桓"力量，扶公室、挫大夫，成功地隳毁了叔孙氏的郈邑、季孙氏的费邑，还惩办了挑动叛乱的费人，表现出大智大勇的圣人品质。

鲁定公十四年，五十六岁的孔子进而位至"摄相"（代理宰相），代替季桓子执掌朝政，号称"圣相"，成为一人之下，万人之上的实权人物。在"大司寇摄行相事"的位子上，孔子进行了一系列兴教化、正风俗的工作。相传他与闻国政三月，鬻羔、豚者不虚报价格；男女行者别于途；四方来客不必求于有司，人们自觉接待，做到了宾至如归；盗贼、淫泆之人，则远逃他乡，不敢在鲁国为非。鲁国的礼乐蒸蒸，蔚成风化！

可是，齐国的一个诡计，结束了孔子卓有成效的从政生涯。原来，齐人见孔子为政有成，害怕鲁国强大称霸，将会危及齐国，于是使出离间计和美人计，离间孔子与鲁公、季孙氏的关系。齐人以美女八十人、文马三十乘送给鲁国,鲁定公和季桓子受之,甘焉耽焉,乐之不倦,三日不理朝政。郊祭又不将祭肉送给大夫,公然蔑视礼法,忘记孔子的存在。孔子非常失望,异常气愤,不待脱冠辞职,便趋驾离开了鲁国。

第四节　周游列国

春风习习,杨柳依依,这本是个希望的季节,孔子却不得不离开他方兴未艾的事业,开始他颠沛流离的周游列国的历程。其时为鲁定公十三年(前497年)。

为了寻求一个能推行他"仁义"学说的明君,孔子在弟子们的簇拥下,弊马凋车,行程数千里,历时十四年,马不停蹄,席不暇暖。孔子一行先后到过卫、陈、曹、宋、郑、蔡、楚、匡、蒲、陬乡(属卫国)、仪、叶等国家和地区,拜访过大小封君七十余人。师徒众人历尽艰难,备尝辛酸。

固然,其间孔子也曾在卫国得到卫灵公的礼遇,在楚国得到楚昭王的赏识,但大多数场合却是备遭冷遇,行迹落拓,有时处境甚至非常危险:他曾畏于匡、围于蒲,不容于曹,被逼于宋,见困于陈、蔡,七日绝粮……

他曾被暴徒围困,曾被乱臣威胁,也曾被隐者讥笑;"荷蓧丈人"骂他"四体不勤,五谷不分"(《论语·微子》),长沮、桀溺拒绝为他指路,郑人讥他为"丧家之狗"(《史记·孔子世家》);连从行弟子也怨声连连(《论语·卫灵公》),或劝他谋取职业;或怀疑他德业未精,不被世人认可……

但是,孔子巍然不为所动,他以坚强的信念、顽强的毅力、旷达的人生态度,漠视这一切困难,坚持追求自己的人生理想,从不放弃自己的政治抱负,为实现有人性的、和谐的"周礼"社会而四处奔波,上下求索。每当艰难危险之时,他都坚信正义会战胜邪恶,文明会取代野蛮。尽管世路坎坷、举步维艰,但他始终坚持宣传道义、传道授业。

《史记·孔子世家》说:"(陈蔡人)相与发徒役围孔子于野,不得行,绝粮。从者病,莫能兴,孔子讲诵弦歌不衰。"《庄子·秋水》:"孔子游于匡,卫人围之数匝,而弦歌不辍。"这正是他老当益壮、穷且益坚人格的真实写照。

他曾自诩:"其为人也,发愤忘食,乐以忘忧,不知老之将至云尔。"(《论语·述而》)对照现实中的他,真是一点也不夸张。这种百折不挠、知难而进的精神,特别是"知其不可而为之"(《论语·宪问》)的伟大人格,永远激励着人们为了理想去追求和献身,也永远值得人们景仰和称颂!

第五节 至圣·先师

逝水难复,流光不住。在这种颠沛流离的生活中,孔子已度过六十花甲,接近"古稀"之年了。背井离乡,老而思归。在"干七十余君,莫能用"的残酷现实面前,失望的孔子不得不常常兴"归与! 归与!"之叹了。

鲁哀公十一年(前484年),六十八岁的孔子终于回到了父母之邦鲁国。壮年而往,皓首而归,朱颜销尽,却一事无成。"昔我往矣,杨柳依依。今我来思,雨雪霏霏。"(《诗经·小雅·采薇》)岂持杨柳,更是皤皤白发,垂垂老矣! 念及这些,孔子怎能不顿生惆怅和凄凉之情呢?

于是,他将满腔忧患寄托在读书游艺、经典阐释、体系构建之中。他"晚而喜《易》……读《易》,韦编三绝","自卫反鲁,然后乐正,《雅》《颂》各得其所"(《史记·孔子世家》)。

对现实中那群"朽木不可雕也"的"斗筲小人",他彻底失望了,于是,将希望寄托于青年和未来。

回到鲁国后,他再登杏坛,广招门徒,欲通过授徒的方式,将自己的政治理想传播开来,使自己的事业得以延续。

孔子还整理文献,托古见志,于是进一步删定"六经"。特别是撰写《春秋》，将自己的政治理想寄托于这部鲁国的"近代史"和"现代史"中。《史记》记载其事说，"子曰：弗乎弗乎，君子病没世而名不称焉。吾道不行矣，吾何以自见于后世哉？'乃因史记作《春秋》，上至隐公，下讫哀公十四年，十二公"。

《春秋》是鲁国史书，但其间有孔子的笔削加工，掺入了浓厚的仁义德治、褒善贬恶思想，实际是一部以孔子思想为指导的政治理论著作。

授徒三千，修订"六经"，这是孔子最杰出的文化成就，也是其影响后世的圣人之业！做完这些工作，孔子也就无憾地离开了这个世界，其时为鲁哀公十六年（前479年）四月己丑，终年七十三岁。

孔子的一生是平凡的一生，他出生平民，历经艰辛，少而好学，长而执教，终成圣师。

他虽然曾经步入仕途，位至卿相，但与世卿们相比，他的政治生涯真是流星闪现，转瞬即逝。

孔子的一生又是伟大的一生，他苦学成才，见识卓著，为救世救民，辗转奔波，席不暇暖。

他百折不挠、以天下为己任的忘我精神，被当时人赞为替天行道之"木铎"（《论语·八佾》）。

他高风亮节，知识渊博，道德人格更令人折服不已。

他一生执教，弟子三千，形成了当时影响深远的"儒家"学派；修订"六经"，托古寄意，成为后世研之不穷的圣经宝典。

特别是他宏大的思想体系，深邃的人生哲理，更成了后儒演绎不尽、受益无穷的精神源泉……颜回曰："仰之弥高，钻之弥坚。瞻之在前，忽焉在后。夫子循循然善诱人，博我以文，约我以礼，欲罢不能。既竭吾才，如有所立，卓尔，虽欲从之，末由也已！"（《论语·子罕》）

孔子的人格高如南山，孔子的智慧博大无边，凡是读孔氏书，想见其为人的人，无不如沐春风，如对良师，身心受益，神清气爽，也无不被其感召而由衷折服！

第二章　仁者爱人

——人格的自觉意识

　　"仁、义、礼"的统一,是孔子思想的主要内容,也是其思想的主要特色。"仁、义、礼"紧密结合,牢不可分。"仁"离不开"义","义"离不开"仁","仁"和"义"的贯彻,又离不开"礼"。"仁"是一种慈爱精神,推行慈爱必须以"义"为前提;"义"是一种适度原则,保持这种原则必须具有仁慈的精神。而"礼"就是仁慈精神和适度原则的具体规定。其中关系,唇齿相依,缺一不可。那么,什么是"仁"呢?

　　"仁"字在《论语》中出现的频率很高,孔门弟子向孔子请教"仁"的次数也最多,但是孔子每次的解答都不一样。据统计,仅《论语》书中孔子回答弟子问"仁",就有约二十八种释义:孝、悌、忠、恕、恭、宽、信、敏、惠、刚、毅、木、讷、切、爱人、立人、达人、好人、恶人、博施、济众、有勇、无怨、不忧、不佞、克己复礼、先难后获、杀身等。

　　孔子关于"仁"的解义,几乎包括了人间的一切美德,因此有人将"仁"定义为全德,将以上各项列为仁德的子目。

　　其实,在这众多的义项中,有核心性的解释,也有具体针对性的解释。这是与孔子的思想方法和教学原则有关的。孔子教育学生,讲究"因材施教",弟子向他请教同一个问题,他往往根据其人之短长优劣,做出不同的解释,并施以不同的劝告。如"子路问:'闻斯(之)行诸(之乎)?'子曰:'有父兄在,如之何其闻斯行之?'冉有问:'闻斯行诸?'子曰:'闻斯行诸。'"公西华感到不解,孔子说:"求(冉有)也退,故进之；由(子路)也兼人，故退之。"(《论语·先进》)他回答弟子问孝，也是如此处理。"孟懿子问孝，子曰：'无违。'"(《论语·为政》)"孟武伯问孝，子曰：'父母唯其疾之忧。'"(《论语·为政》)"子游问孝，子曰：'今之孝者，是谓能养，至于犬马，皆能有养，不敬，何以别乎？'"(《论语·为政》)"子夏问孝，子曰：'色难。'"(《论语·为政》)四个弟子问孝，孔子有四种解答，当然不能说他自相矛盾，更不能将四种回答加在一处讲等于"孝"的全部内容。对国君问政，孔子也是针对具体情况而答之：叶公子高问政，孔子答曰："政在说(悦)近而来远。"鲁哀公问政，孔子答曰："政在选贤。"齐景公问政，孔子或答以"政在节财"，或答以"君君、臣臣、父父、子子"，等等。究其原因，都是就其国之时弊和当务之急而言之的。可见孔子的思想方法是具体问题具体分析，因人、因时、因地做出相应的解释。对于孔子言论的理解，不能胶执于某一次言论而不顾其他解释，也不能将所有解释加起来作为问题的全部答案。前一种解释有以偏概全之弊，后一种解释则失之于杂而不纯。孔子对许多问题的论述，虽然具体解释不同，但都有一个基本的立足点，有个一以贯之的基本精神。他答子路、冉有问"闻斯行诸"，其基本精神在于"适度"；他答四弟子问孝，基本精神在于"爱敬"；答三君问政，基本精神在于"趋时"。以此类推，孔子论仁，也应该有其一以贯之的基本精神。善于透过其具体论述而提炼之，则仁的内涵就不难知道了。

第一节　仁的释义

仁的哲学基础是人性，仁德即是人性的充分发育和扩充，是人认识自己本性和履行人之为人义务的人格自觉。《礼记·中庸》引孔子说："仁者人也。"《孟子·尽心下》说："仁也者人也。"表明仁是关于人的问题，是人的特质问题。这种特质使人成其为人，使人与动物区别开来。

这是人作为人类存在的自觉意识，也是当时社会重视人的历史实际在思想意识上的集中反映。孔子的仁学就是建立在对人的重视和人性自觉的基础之上的。它包括两个方面。一是人具有人的本性（或本能），即告子所谓"食色性也"（《孟子·告子上》）。表明人生来具有求得生存（食）和族类繁衍（色）的本能需求和权利，这是人的自然属性。孔子"庶（繁衍）之、富（生存）之、教（教育）之"（《论语·子路》）的施政主张，正好体现了对这一人类基本属性的高度重视。人是万类的精灵，是万物之长，天地之间人为贵。在实际生活中，孔子对人十分重视。孔子做大司寇时，马厩失火，他退朝，首先问"'伤人乎?'不问马"（《论语·乡党》），更不问财产的损失；有人用木偶人（俑）殉葬，孔子认为这是对人类的蔑视，愤而诅咒说："始作俑者，其无后乎!"（《孟子·梁惠王上》）这是对生命的珍惜，对人性的爱护! 二是指人具有人的本质特征，这是人区别于其他动物的属性，亦即人的社会属性。儒家认为，这种属性即是对"仁义"或"礼义"等道德规范的自觉和认同。《孟子·离娄下》说："人之所以异于禽兽者几希（稀），庶民去之，君子存之。舜明于庶物，察于人伦，由仁义行。""由仁义行"即是人认识了自己与动物的区别后，为保持人类高尚特征而做出的自我约束，这是人特有的本质，是人之为人的根本保证。《荀子·王制》亦曰："水火有气而无生，草木有生而无知，禽兽有知而无义。人有气，有生，有知，亦且有义，故最为天下贵也。"人之所以为贵，不在于他有气，有生，有知，这些属性在其他事物中也部分存在。人之为人的可贵之处在于既拥有事物的共性，也还具有其他事物所没有的个性，也就是"有义"。人与水火、草木、禽兽具有共性，即有气，有生，有知；但更具有独特的个性，即有义。在儒家看来，正是这个独特的个性（义），使人与水火、草木、禽兽诸物区别开来。孟子所说的"仁义"，荀子所说的"义"，是人与人之间和谐相处的行动规范，亦即人特有的社会性。

　　基于对人的自然属性的认识与重视，"仁"要求每个人将他人也当成人看待,肯定他人与自己一样也具有追求生存的本能和谋求幸福的权利。孔子更要求人们主动地热爱他人、关心他人和成全他人。《韩非子·解老》说:"仁者,谓其中心欣然爱人也。其喜人之有福,而恶人之有祸也;生心之所不能已也,非求其报也。"仁是无私的。《吕氏春秋·举难》:"君子责人则以人(仁),自责则以义。"董仲舒说:"仁之为言,人(关心他人)也;义(义)之为言,我(自我约束)也。""仁之法在爱人,不在爱我","人不被其爱,虽厚自爱,不予为仁。"(《春秋繁露·仁义法》)仁是利他的。《说文解字》:"仁,亲也。从人,从二。"仁又是互相的。无私、利他而又互相的人类之爱,就是"仁"的全部内涵和完整解诂。

　　基于对人类社会属性的认识,"仁"又要求人类提高自己的修养,在文明的环境中,过有伦理、有秩序的和谐生活。"仁"就是这样一种在特定的文明(礼义)背景下,尊重和热爱人类的道德情操。这种情操只有人类才具备,也只有人类才意识得到和保持下来。孟子说:"仁者人心也。"(《孟子·告子上》)这种感情也只有施于人类才是合理的,故《吕氏春秋·爱类》说:"仁于他物,不仁于人,不得为仁;不仁于他物,独仁于人,犹若为仁。仁也者,仁乎其类也。"可见,仁即人类之爱,即热爱人类,仁就是爱类意识。因此,在孔子回答众弟子问仁的这些言论中,应以"樊迟问仁,子曰'爱人'"(《论语·颜渊》)作为仁的确诂。其余诸项,有的是仁者(仁德之人)的品德修养,有的是仁德(即爱人)的内容及其在处理不同社会关系时的表现形式,有的则是推行仁德的具体方法和途径……而"仁"的本质特征则是"爱人"。

第二节　仁者面面观

这里，我们试将孔子论仁提到的诸美德分别加以诠释。

一、"刚、毅、木、讷"与"讱、不佞"

孔子曰："刚、毅、木、讷近仁。"（《论语·子路》）王弼注："刚，无欲；毅，果敢；木，质朴；讷，迟钝。"他们的综合效应近于仁德。刚即不屈不挠，是孟子所谓"富贵不能淫，贫贱不能移，威武不能屈"的"大丈夫"所具有的品德。刚者无私无欲，无欲则刚，有欲则有私，有私则不得为刚。《论语·公冶长》记，"子曰：'吾未见刚者。'或对曰：'申枨。'子曰：'枨也欲，焉得刚？'"刘宗周有这样一段话，颇能加深对"无欲则刚"的理解："人心如谷种，满腔都是生意，物欲锢之而滞矣，然而生意未尝不在也，疏之而已耳"。人心又"如明镜，全体浑是光明，习染熏之而暗矣，然而明体未尝不存也，拭之而已耳"。有道是"一动于欲，欲迷则昏；一任乎气，气偏则戾"。"无欲之谓圣，寡欲之谓贤，多欲之谓凡，徇欲之谓狂。""人之心胸，多欲则窄，寡欲则宽；人之心境，多欲则忙，寡欲则闲；人之心术，多欲则险，寡欲则平；人之心事，多欲则忧，寡欲则乐；人之心气，多欲则馁，寡欲则刚。"（《格言连璧·存养》）

毅为果敢，即"见义勇为"，具有"当仁不让于师"（《论语·卫灵公》）、敢作敢为的精神，《礼记·中庸》说"力行近乎仁"即此义。木即质朴无华，注重实际。讷，本义是语言迟钝，此指"敏于事而慎于言"的"慎于言"，也即"不佞"。

"慎于言"，亦即"仁者其言也讱"。司马牛多言又急躁，问仁于孔子，孔子曰："仁者，其言也讱。"又说："为之难，言之得无讱乎？"（《论语·颜渊》）讱，即忍于言，说话谨慎，因为"多言必多失，多事必多败"，"讱"正是寡言少失的理想方法。必有容，其德乃大；必有忍，其事乃济。

"不佞"即不巧言令色。孔子说："巧言令色，鲜矣仁。"(《论语·学而》)反之，不巧言令色就近于仁了。又说："巧言、令色、足恭，左丘明耻之，丘亦耻之。"(《论语·公冶长》)可见，不佞，即不虚伪。另外，不佞还有不以口辩胜人之意。《论语·公冶长》又说，"或曰：'雍(冉雍)也仁而不佞。'子曰：'焉用佞？御(制服)人以口给，屡憎于人。不知其仁，焉用佞？'"这里的"佞"即巧言善辩。

"刚、毅、木、讷近仁"，意即一个人只要具有坚韧不拔、不屈不挠的精神(刚)，见义勇为，身体力行(毅)，注重实际(木)，不巧言令色，不虚伪浮夸(讷)，他距离仁德便不远(近仁)了。

二、"恭、宽、信、敏、惠"

《论语·阳货》曰：

> 子张问仁于孔子，孔子曰："能行五者于天下，为仁矣。"请问之。曰："恭、宽、信、敏、惠。恭则不侮，宽则得众，信则人任焉，敏则有功，惠则足以使人。"

这里的"仁"即行仁政。《论语·尧曰》亦有类似的记载："宽则得众，信则民任焉，敏则有功，公则说(悦)。"恭，即恭敬，敬心生于内为恭，发于外曰敬(见《汉书·五行志》)。有子说："恭近于礼，远耻辱也。"(《论语·学而》)待人以敬，人亦以敬待之，故曰"不侮"，因而恭敬是仁者的一大美德。"仲弓问仁，子曰：'出门如见大宾，使人如承大祭。'"可以做到"在邦无怨，在家无怨"(《论语·颜渊》)。"樊迟问仁，子曰：'居处恭，执事敬，与人忠，虽之夷狄，不可弃也。'"(《论语·子路》)可见，恭敬是仁人立身处世的先决条件。

宽，即宽厚，宽大为怀，宽以待人。众生贤愚，才智不齐，君子处之，不求其备。水至清无鱼，人至察无徒，故仁德之中，修之以宽。宽大致分两类。一是平级之间的宽厚，即"躬自厚而薄责于人，则远怨矣"(《论语·卫灵公》)，"君子求诸己，小人求诸人"(《论语·卫灵公》)，"人不知而不愠"，"不患人之不己知，患不知人也"(《论语·学而》),甚至"不念旧恶",宽恕他人(《论语·公冶长》)。二是上对下的宽大,即"先有司,赦小过"(《论语·子路》),执事官身先士卒,做出表率;而对下属的小小过失,要赦而勿究。

信,即讲信用。有子说:"信近于义,言可复(践履)也。"(《论语·学而》)古者民风质朴,言而必行,故造文者以"人言为信"。信亦大致包括两方面。一是朋友之间,一诺千金,言必有信。子夏曰:"与朋友交,言而有信。"曾子曰:"吾日三省吾身。为人谋而不忠乎?与朋友交而不信乎?传不习乎?"(《论语·学而》)皆此意。子路就非常信守诺言,《论语·颜渊》载"子路无宿诺"。信还是一个人推销自己,事业有成的保证之一。如果一个人没有信用,反复无常,就寸步难行。孔子说:"人而无信,不知其可也。大车(牛车)无輗(ní),小车(马车)无軏(yuè),其何以行之哉!"(《论语·为政》)輗和軏都是车辕横木上起固定作用的木钉,没有它们车轮就会脱落,无法行驶。人如果没有信用,言行没有约束,也是行不通的。因此,当子张问"行"(即如何推销自己)时,孔子说:"言忠信,行笃敬,虽蛮貊之邦,行矣。言不忠信,行不笃敬,虽州里,行乎哉?"(《论语·卫灵公》)言而有信、行为笃敬,是使自己畅通无阻的双轮。无怪乎孔子要反复强调"主忠信"了。信的另一个方面,是上级对下级、官府对民众的信誉。孔子说:"道千乘之国,敬事而信,节用而爱人,使民以时。"(《论语·学而》)即指此。信用是令行禁止的重要保证。子夏说:"君子信而后劳其民,未信,则以为厉(危害)己也。信而后谏,未信,则以为谤己也。"(《论语·子张》)只有当人民对政府信任时,政府才能驱使他们,否则人民会视劳役为灾难,这是对孔子"信则人(民)任焉"的正确理解。商鞅变法,为了先行取信于民,树立恩信,便导演了一场"徙木"的游戏。他在南门树立一段木头,下令说,谁要是将木头从南门移到北门,赏十金。开始人们根本不信,没人去移。待赏金加到五十金时,有人大着胆子将木头移了,商鞅果然给了那人五十金,从而树立起商鞅新法言而有信的形象,结果法令大行,秦国以治。同理,君臣之间也存在信任问题。如果君有疑心,再好的进谏也会误以为是诽谤,不仅达不到预期效果,有时反而会招来无妄之灾。西汉初年,萧何曾向刘邦请求将皇家园圃上林苑的土地分给平民耕种,却被刘邦投进监狱,原因在哪里?因刘邦疑心他久居关中,用此收买人心。苏轼因直言而被贬,海瑞因刚正而罢官,其原因在哪里?君臣之间没有亲和信任关系,恐怕是重要原因。孔子将信看得特别重要,视为立国之本。当子贡问政,他说:"足食、足兵、民信之矣。"子贡说:"必不得已而去,于斯三者何先?"孔子说:"去兵。"子贡又问:"必不得已而去,于斯二者何先?"孔子说:"去食。自古皆有死,民无信不立。"(《论语·颜渊》)粮食、武备、信誉是立国的三大支柱。古语说:"国之大事,在祀与戎",武备是安全的保证,因而是国家的大事之一。又说,"民以食为天",粮食是立国、聚民之本,故为三者所必需。但与信誉相比,孔子认为都可退居次要地位,唯独对人民的信誉不可或缺。没有信誉,失掉民心,则江山不保,国将不国。相反,如果有信誉,得民心,没有粮食可以有粮食,没有武备可以有武备,信誉和民心是长治久安的根本。古语说:"民犹水也,水能载舟,亦能覆舟。"这是何等平凡的道理啊!

敏,即敏捷。思维敏捷,反应迅速。敏又有审的意思,审时度势,迅速做出相应的决策,敏捷采取行动,有所建树。古人认为:"度功而行,仁也。"(《左传》昭公二十年)故孔子将"敏而有功"列为仁者的修养之一。

惠,即恩惠、实惠。《尚书·皋陶谟》说:"安民则惠,黎民怀之。"人民怀之故乐为所使,所以"惠则足以使人"。惠即利民,孔子认为善于惠民的人自己并不破费:"君子惠而不费",其方法是"因民之所利而利之"(《论语·尧曰》)。古以"利国之谓仁"(《国语·晋语》),"与民利者仁也"(《逸周书·本典》)。因此,孔子亦以"惠"为仁德、仁政之一。

三、"有勇""无忧"

仁者的品质特征还表现为"有勇"和"无忧"。孔子说:"仁者必有勇,勇者不必有仁。"(《论语·宪问》)又说:"智者不惑,仁者不忧,勇者不惧。"(《论语·子罕》)何以不忧?孔子解释说:"内省不疚,夫何忧何惧?"(《论语·颜渊》)仁者善于自制,无咎无过。俗话说:"为人不做亏心事,半夜敲门心不惊。"仁者内省不疚,因此无忧无惧。

以上所释,都是仁者的修养,是仁德的表现形式,不能以其一点概其全面。

第三节 仁者的情意——忠恕

仁的本质特征是"爱人",爱人的基本方法即是"忠恕"。

孔子曾经说:"吾道一以贯之",曾子解释说:"夫子之道,忠恕而已矣。"(《论语·里仁》)"忠恕"又怎么讲呢?《论语·卫灵公》载,"子贡问曰:'有一言而可以终身行之者乎?'子曰:'其恕乎?己所不欲,勿施于人'"。《论语·颜渊》仲弓问仁,子曰:"己所不欲,勿施于人。"可见,仁德之中有"恕",而恕的内容即"己所不欲,勿施于人"。子贡问仁,孔子曰:"夫仁者,己欲立而立人,己欲达而达人。能近取譬,可谓仁之方也已。"(《论语·雍也》)仁德具有"立人""达人"的品质,亦即"忠恕"的"忠"。"忠恕"的情感贯穿于仁德之中,"忠恕"即是"仁者"实行"爱人"主张的基本方法。

"仁"的精神实质是"爱人",怎样才能产生如此利他的情感呢?孔子给行仁指出了一条简便易行的途径,即"忠恕"。忠恕的思想方法是"由近取譬,推己及人"。设身处地,将心比心,表现出对自己的高度自律和对他人的充分体谅。

"忠"是积极的,是"己欲立而立人,己欲达而达人"。立,即立身于社会,有所建树,掌握一定知识和技能,成为有益于社会并为社会所接受的人。达，即通达，遂愿，指实现理想、事业有所成就。子张问"士何如斯可谓之达矣?"孔子说:"夫达也者，质直而好义，察言而观色，虑以下人。在邦必达，在家必达。"(《论语·颜渊》)由此可见，达是指正直好义之人，采用恰当手段在家里、在社会上行事顺利，取得成功的过程。仁者推己及人，希望自己成为有用之才，能立足社会，也帮助他人成为有用之才而立足社会;希望自己事业有成，也帮助他人事业有成。自己希望得到的，也帮助他人得到，公平无私，利己亦利人。正如《说苑·杂言》所载，"孔子曰:'夫富而能富人，欲贫而不可得也;贵而能贵人者，欲贱而不可得也;达而能达人者，欲穷而不可得也'"。我为人人，人人为我。主观为他人，客观为自己。孔子本人就是一位能成人之美，己立又能立人，己达又能达人的仁者。他一生"诲人不倦"，就像一支明亮的蜡烛，驱散了黑暗，照亮了人心。他将自己的知识毫无保留地传授给学生，奖善而矜不能，殷殷教诲，不遗余力。《论语·述而》载，"子曰:'二三子以我为隐乎? 吾无隐乎尔。吾无行而不与二三子者，是丘也'"。他对及门学生、亲生儿子，都一视同仁，从不厚此薄彼，以内外分亲疏。《论语·季氏》载，"陈亢问于伯鱼曰:'子亦有异闻乎?'对曰:'未也。尝独立，鲤趋而过庭。曰:"学诗乎?"对曰:"未也。""不学诗，无以言。"鲤退而学诗。他日，又独立，鲤趋而过庭。曰:"学礼乎?"对曰:"未也。""不学礼，无以立。"鲤退而学礼。闻斯二者。'陈亢退而喜曰:'问一而得三:闻诗、闻礼，又闻君子之远(不偏爱)其子也'"。孔鲤是孔子的亲生儿子，孔子教导他应学诗学礼。《史记》说孔子"以诗书礼乐教"，诗礼也是其教育弟子的普通教材，可见他对自己儿子并无偏心，充分表现了仁者"立人""达人"坦荡无私的崇高品德。

"恕"是从消极意义上说的，即"己所不欲，勿施于人"。这大致有两层含义。第一层是严于律己，以身作则，宽以待人。孔子常常以这一原则反省自己，他认为凡要求对方要具备的品质，自己首先应该做到。自己做到了，做好了，然后再去要求对方，而不是对他人高标准，对自己低要求。在孝、悌、忠、信诸修养方面，孔子堪称士林之表，但他常常反省自己：要求臣子应忠心事君，自己做到没有；要求儿子以孝道来事亲，自己做到没有；要求弟弟以悌道来事兄，自己做到没有；要求朋友以信用来施之于朋友，自己做到没有。《荀子·法行》亦载有孔子的"三恕"原则，"孔子曰：君子有三恕：有君不能事，有臣而求其使，非恕也；有亲不能报，有子而求其孝，非恕也；有兄不能敬，有弟而求其使，非恕也。士明于此三恕，则可以端身矣"。自己的理论、主张，首先自己去践履它，实施它，这才是仁者处世的正确态度。此即《礼记·大学》所云："君子有诸己而后求诸人，无诸己而后非诸人。"对自己高标准严要求，这是"恕道"的第一义。第二层含义是将心比心，不施虐于人。此即子贡所谓"我不欲人之加诸我也，吾亦欲无加诸人"（《论语·公冶长》）；《中庸》所谓"施诸己而不愿，亦勿施于人"。这条原则的哲学基础是幸福面前人人平等，每个人都有追求幸福的权利和自由，但人们在行使这个自由和权利的时候，又必须以不侵犯他人的权利和自由为前提。

因此，在孔子看来，自由和权利应该是，在保证他人权利不受损害的前提下，去做你适合做的事情。这与近代西方资产阶级启蒙运动"天赋人权"的思想相吻合，因而得到启蒙思想家的赞赏。伏尔泰奉"己所不欲，勿施于人"为座右铭，《人权宣言》则以"己所不欲，勿施于人"为道德准绳，宣称："自由是属于所有的人做一切不损害他人权利之事的权利；其原则为自然，其规则为正义，其保障为法律，其道德界限则在下述格言之中：'己所不欲，勿施于人！'"从此，"己所不欲，勿施于人"成了法国制定宪法的准则，也成了欧美各国制定宪法的基本原则之一。可见，孔子的忠恕原则道出了人类的共同心声，特别是道出了寻求解放的阶级和阶层的心愿，因而在世界范围内得到遵循和广泛的响应。

　　忠恕的原则若贯彻到政治中去，那就是"胜残去杀"，即"善人为邦百年，亦可以胜残去杀矣"（《论语·子路》）和孟子"有不忍人之心斯有不忍人之政"；那就是"博施济众"，甚而臻于圣人境界："子贡曰：'如有博施于民，而能济众，何如？可谓仁乎？'子曰：'何事于仁？必也圣乎！尧舜其犹病诸。'"（《论语·雍也》）可见，忠恕是一种博大的宽恕之心、慈爱之心、成全之心。其积极的意义可以造就他人，成全他人，造福他人；其消极的意义则有所不为，免于危害于人，是保持社会稳定、秩序、公平、和谐的人类公理。

　　此外，仁以爱人为本，本着爱人原则，仁者在处理不同社会关系和社会事务时，又具有不同的表现形式。移爱心以事双亲，则是"孝"；移爱心以事兄长，则是"悌"："孝弟（悌）也者，其为仁之本与？"（《论语·学而》）移忠恕之心以处利害，则是"临财毋苟得，临难毋苟免"（《礼记·曲礼上》），是"先难而后得"（《论语·雍也》）。仁德是一切美德的综合体，仁者是人间真善美的化身。他有高尚的情操，优秀的修养；他以慈爱为怀，待人处世，无不表现出恰当的分寸、充沛的善心；他还有高雅的情趣，优美的仪表，即如孔子所言："知者乐水，仁者乐山。知者动，仁者静。知者乐，仁者寿。"（《论语·雍也》）他是非清楚，爱憎分明："唯仁者能好人，能恶人。"（《论语·里仁》）仁者对于人类来说，只有好处，没有害处，这对于春秋时期处于患难之中的人民大众来说，真是胜于日常生活所需的水与火："民之于仁也，甚于水火。水火，吾见蹈而死者矣，未见蹈仁而死者也。"（《论语·卫灵公》）有一种说法："深沉厚重是第一等资质，磊落雄豪是第二等资质，聪明才辩是第三等资质。"情商、胆商、智商，情商居第一，强调的也是忠厚的品行，仁者的情怀。

第四节　行仁由己

仁德有益于人类,受人民欢迎,因此,一个君子要想名扬四海,其终南捷径便是修成仁德,这甚至比人人所欲的富贵还要重要,还要迫切。故孔子号召人们,无论是饮食居处,或是颠沛流离,时时刻刻都不要忘记仁德:

> 富与贵,是人之所欲也,不以其道得之,不处也;贫与贱,是人之所恶也,不以其道得之,不去也。君子去仁,恶乎成名?君子无终食之间违仁,造次必于是,颠沛必于是!(《论语·里仁》)

孔子甚至认为,如果求仁与求生发生了矛盾,一个希望美名留世的志士,将毫不犹豫地放弃生命而成全仁德。因为"人生自古谁无死,留取丹心照汗青",孔子说:

> 志士仁人,无求生以害仁,有杀身以成仁!(《论语·卫灵公》)

孟子后来发挥这一思想,形成"杀身成仁,舍生取义"的名言。

仁德是高尚的,是完美的,因此,很少有人能达到真正仁的境界。在众弟子中,孔子只承认颜回"其心三月不违仁,其余则日月至焉而已矣"(《论语·雍也》)。即使是亲密如子路、冉求、公西华等弟子,虽各有特长,孔子也不认为他们具有仁德。《论语·公冶长》记,"孟武伯问:'子路仁乎?'子曰:'不知也。'又问,子曰:'由(子路)也,千乘之国,可使治其赋,不知其仁也。''求(冉求)也何如?'子曰:'求也,千室之邑,百乘之家,可使为之宰也。''赤(公西华)也何如?'子曰:'赤也,束带立于朝,可使与宾客言也,不知其仁也'"。针对孟武伯的提问,孔子认为:子路可以做诸侯国的国防部长,冉求可以做县级长官,公西华可以做外交部长,但都不轻易地许三人为仁。可见孔子对仁德标准的把握是相当严格的。

　　但是,仁又不是高不可攀、远不可及的孤峰绝境。孔子说:"人能弘道,非道弘人。"(《论语·卫灵公》)人具有主观能动性,可以认识道,并使道大行于天下,对仁也是如此。孔子说:"行仁由己,而由人(他人)乎哉?"(《论语·述而》)行不行仁,完全在于自己,并不是别人阻拦得了的,也不是别人代替得了的。又说:"仁远乎哉? 我欲仁,斯仁至矣。"(《论语·述而》)他认为,仁的根苗就在人心之中,并不远离人类。只要你诚心修仁,仁就会来到你的身边。仁者之所以凤毛麟角,是由于人们不愿意去克己践履罢了。根据孟子的解释,仁德的善端充斥于人世之间,储藏于人心之中,只要善加修养,善于开发,就不难成为仁者。具体讲,就是将自己希望得到的也推及于他人,将自己不希望遭受的也避免施于他人,这种善行善德,就是仁。关于仁德的修养方法,孔子有下列论述:

　　首先,是心存仁心,少犯错误。孔子说:"苟志于仁,无恶也。"(《论语·里仁》)

　　其次,是按礼制行事。"颜渊问仁,子曰:'克己复礼为仁。一日克己复礼,天下归仁焉。为仁由己,而由人乎哉!'颜渊曰:'请问其目。'子曰:'非礼勿视,非礼勿听,非礼勿言,非礼勿动。'"(《论语·颜渊》)"克己复礼"就可以达到仁。礼是以仁为精神、义为原则制定的行为规范,依礼行事,自然是修成仁德的可靠方法。

　　再次,孔子根据自己"见贤思齐,见不贤而内自省"的修养方法,还提出了省力的修仁方法,即"亲仁"(好仁)和"恶不仁"(观过)。他说:

　　我未见好仁,恶不仁者。好仁者,无以尚之;恶不仁者,其为仁矣,不使不仁者加乎其身。有能一日用其力于仁矣乎! 我未见力不足者。(《论语·里仁》)

又说:

　　人之过也,各于其党。观过,斯知仁矣。(《论语·里仁》)

　　另外,子夏还提出"博学而笃志,切问而近思,仁在其中矣"(《论语·子张》)。他认为通过广泛的学习,专心致志的追求,加之以多问和深思,也可以修成仁德。《中庸》说:"故君子遵德性而道问学,致广大而尽精微。"遵德性即修仁德,道问学即学以致其道。

总之,一个人只要立志于仁,坚持不懈地努力,加强学习,从正反两个方面去修养善行,克服缺点,将心比心,推己及人,那么仁心就已充盈于他的心坎之中,仁德的境界也就不难达到了。

仁是人类的善行美德,人类自己也一定能修成这个善行,养成这个美德!正如本文开头所引孟子的话那样,人既有与动物禽兽相同的共性(即兽性),又有热爱自己同类、过和谐生活的个性(即仁义)。在人类历史上之所以缺乏仁者,之所以不行仁义,那是因为人们自觉不自觉地发展了自己的兽性,而压抑了自己的人性(即仁爱之心)。孔孟的目的就是要告诉人们认识自己的仁爱本性,帮助人们充分开发和培育仁爱之心,让仁爱之心逐渐驱逐兽性,最终成为善者、仁人。"为仁由己",正是鼓励人们自觉、自勉、自律、自善的至理良言!

第三章 义者宜也

——人类的道德自律

子曰:"饭疏食,饮水,曲肱而枕之,乐亦在其中矣。不义而富且贵,于我如浮云!"(《论语·述而》)

前面我们所引的孔子这段名言,用以说明"孔颜乐处"在于道,这里,我们将引用这段来说明孔子崇高的义利观和等级思想。

第一节 不义而富且贵,于我如浮云

孔子说,即使是吃粗食,喝冷水,枕着手腕在门板上睡大觉,他也乐在其中。对那些以不正当手段得来的富贵,他是不屑一顾的。视此,孔子是个不慕富贵、以苦为乐、自甘淡泊的"苦行者"。但是,他又对弟子说过:"富而(若)可求也,虽执鞭之士,吾亦为之。如不可求,从吾所好。"(《论语·述而》)执鞭之士,杨伯峻先生释为"市场守门卒",即今城管人员。他说,如果财富可以追求(即今"经商"),纵然是拿起皮鞭守市场他也在所不惜;如果不可求,就我行我素,追求自己的爱好。由此,似乎他又不是一个全然漠视财富,忘记物欲的人。看似矛盾,其实这中间贯穿了孔子的义利观。

司马迁说:"天下熙熙,皆为利来;天下攘攘,皆为利往。"富贵人所慕,贫贱人所恶,古来如此。根据孔子"仁"学的推理,人人都有追求幸福的权利,当然人人也有追求财富的权利。孔子不拒绝财富,也不拒绝富贵，但是他强调获得财富的方式方法，即义与不义。孔子视富贵如浮云，是因为得之"不义"，故不可为；孔子为了财富而不拒绝"执鞭之士"的职业，是因为通过劳动致富，故不惜为之。君子爱财，取之有道。孔子曾说："富与贵，是人之所欲也，不以其道得之，不处也。贫与贱，是人之所恶也，不以其道得之，不去也。"（《论语·里仁》）通过不正当手段得来的富贵，孔子不屑处之；通过不正当的手段改善的困境，孔子不会接受。而判断是否得其道的准则就是"义"与"不义"。

与孔子同时，卫国有位贤者公叔文子，外边有很多关于他"不爱笑，不说话，不爱财"的传说，孔子向公明贾打听说："信乎，夫子不言、不笑、不取乎？"公明贾对曰："以（此因）告者过也。夫子时（合适的时候）然后言，人不厌其言；乐然后笑，人不厌其笑；义然后取，人不厌其取。"（《论语·宪问》）做什么事都要恰到好处，适时而动。当说就说，当笑则笑，此人之常情。同样，当取则取，当拿则拿，人们也乐于提供。公叔文子的"义然后取"，也是孔子的取予哲学和义利观点。他常说："见利思义"（《论语·宪问》），"见得思义"（《论语·季氏》）。《曲礼》："临财勿苟得，临难勿苟免。"都主张在利害之际，要以大义为重，不要利令智昏，见利忘义。根据人们在义利问题上的态度，孔子由是区分出"君子"和"小人"：

君子喻于义，小人喻于利。（《论语·里仁》）

将义排在第一位，以义断利者，即是君子；相反，将利排在第一位，"利"字当头者，就是小人。

推而广之，义还是君子处理其他一切社会关系，乃至天下大事的行为准则。孔子说："君子之于天下也，无适（一味地迁就）也，无莫（绝对的否定）也，义之与比。"（《论语·里仁》）——君子行身处事，不绝对迎和，也不一概否定，是非面前不感情用事，而是以义作为标准。因此，孔子号召人们"见义勇为"（《论语·为政》），对合乎道义原则的事情，就要勇于追求，努力实践。孟子发展这一观点，甚至认为，如果求义与求生发生了矛盾，义士仁人不应贪生怕死，而要舍生取义，这就是他著名的"鱼与熊掌"的寓言。孟子说：

> 鱼，我所欲也；熊掌，亦我所欲也。二者不可得兼，舍鱼而取熊掌者也。生，亦我所欲也；义，亦我所欲也。二者不可得兼，舍生而取义者也。生，亦我所欲，所欲有甚于生者，故不为苟得也；死，亦我所恶，所恶有甚于死者，故患有所不辟（避）也。（《孟子·告子上》）

"义"是人群或团体中共同的价值尺度、是非观念和道德准绳，"义"更是人们理想中的最高境界。一切得失生死都要满足于这个公共的准则，否则，违反这个准则去获利或求生，就不会被人群或团体接受、容纳，一犯众怒，将会得不偿失，生不如死。同时，一个人若为了苟得偷生，而放弃自己的崇高和神圣，那他的富贵和生存又有什么意义呢？失掉义比失掉生命更可怕，失掉义比失掉财物更可耻，那么谁还会干那种见利忘义、变节投靠的丑事呢？是故当大明江山倾倒之时，一代名士并官至礼部尚书的钱谦益畏于"水寒"而不履行"君辱臣死"之义，虽然多活了些年月，但士人嘲讽，妻妾痛惜。当然，孔孟所议，是针对在人格上觉醒、在道德上觉悟了的人。

第二节　义的释义

"义"字又作"谊"，"谊"从"宜"，故《礼记·中庸》说："义者宜也。"宜即适宜，恰如其分。做得恰如其分就是义，否则就是不义。义是建立在等级制度上的价值观念，其哲学基础是物质的差别性。孟子曰："物之不齐，物之情也。"事物总是有差别的。人类也是一样，存在长幼、智愚、强弱等差别。为了适应人类生活，社会也因之形成尊卑、贵贱的等级。正视现实，承认差别，制定出等级，让人们根据自己的才能和身份，在社会中找到合适的位置，使社会在正常秩序中运转，这是完全必要的,制定这种等级的原则就是孔孟强调的所谓"义"。否则,如果单单从美好的愿望出发,不正视现实,不承认差别,抹杀等级秩序,智愚倒置,尊卑失序,社会就会混乱,人类群体就会崩溃! 这就是不义。针对陈相抹杀差别的理论,孟子批评说:"物之不齐,物之情也。或相什百,或相倍蓰,子比而同之(搞平均主义),是乱天下也。"(《孟子·滕文公上》)又说:"不揣其本而齐其末,方寸之木可使高于岑楼。"(《孟子·告子下》)这种不顾本质上的差别,人为取消等级的做法,就像将"方寸之木"拔得比"岑楼"(高楼大厦)还高一样,是极为荒唐的,也是极为愚蠢的。儒家正视差别,肯定等级,讲究秩序,也就是提倡"义"。在儒家看来,正义并不是不讲条件的人人平等、事事平均,正义只意味着每个人在等级的社会中找到适合自己能力和身份位置的权利。义的实质内容就是在承认差别基础上,建立起合理的等级制原则。

义的内容非常广泛,它以等级为背景,以适当为原则,贯穿于所有社会关系中,也贯穿于人类一切活动中。只要有差别,就需要"义"的存在。大致说来,居家有长幼之义,交往有贤愚之义,人伦有尊卑之义,官场有君臣之义,社会有分工之义,政治有仁政之义,等等:

孟子说:"申之以孝悌之义。"(《孟子·梁惠王上》)又说:"义之实,从兄是也。"(《孟子·离娄上》)以幼从长,此即长幼之义。

孔子说:"义者宜也,尊贤为大。"(《礼记·中庸》)以愚尊贤,此贤愚之义。

孔子说:"贵贵尊尊,义之大者也。"(《礼记·丧服四制》)以贱从贵,以卑从尊,此尊卑之义。

子路说:"不仕无义。长幼之节,不可废也;君臣之义,如之何其废之? 欲洁其身,而乱大伦。君子之仕也,行其义也。"(《论语·微子》)孟子说:"父子有亲,君臣有义,夫妇有别,长幼有序,朋友有信。"(《孟子·滕文公上》)以臣从君,此君臣之义。

社会群体中有分工,各有职分,孟子曰:

> 或劳心,或劳力,劳心者治(管理)人,劳力者治于人;治于人者食(养活)人,治人者食于人。天下之通义也。(《孟子·滕文公上》)

以劳力者从劳心者,此社会分工之义。

孔子曰:"务民之义。"(《论语·雍也》)又曰:"上好义,则民莫敢不服。"(《论语·子路》)又说子产"有君子之道四焉:其行己也恭,其事上也敬,其养民也惠,其使民也义"(《论语·公冶长》)。这里讲的是善良的政治,为仁政之义。

齐景公问政孔子,曰:"君君,臣臣,父父,子子。"从政治到伦理,都是有等级的,都有义贯穿其中。义无处不在,无处不有,就像人无所逃于天地之间一样,人也不能超越义的约束。人们在活动中遵循这种义,就是合理的,成功的,否则就是不合理的,失败的。

第三节　义与仁与礼的关系——孔子的"系统"观

前面我们提到孔子的思想特点是"仁、义、礼"的结合,仁、义、礼是孔子观人论事的系统论,也是孔子为医治当时社会弊病所开列的系统药方。那么,仁、义、礼三者之间的关系怎样呢?义在这个系统中的作用如何呢?

如上所说,"义无处不在,无处不有",甚至连在与它构成系统的"仁""礼"之中,也无时不有"义"的身影,行仁讲礼,都必须在义的指导下进行。《礼记·中庸》记载孔子的一段名言,生动形象地说明了这层关系:

> 仁者人也,亲亲为大;义者宜也,尊贤为大。亲亲之杀(差),尊贤之等,礼所生也。

与此相呼应的还有孟子之说:

仁之实,事亲是也;义之实,从兄(尊长)是也;智之实,知斯二者弗去是也;礼之实,节文斯二者是也。(《孟子·离娄上》)

仁者爱人,并不是见人就一样地爱,不可能没有等差。仁虽以"爱人"为本,但爱人是从"亲亲"开始的。修仁的方法是"由近取譬","推己及人",因此,爱人也应从自己的亲属做起,由爱自己的亲属而爱,及于他人。孔子又谓之:"立爱自亲始。"(《礼记·祭义》)孟子谓之"老吾老以及人之老,幼吾幼以及人之幼","推恩足以保四海"(《孟子·梁惠王上》)。可见,仁者在爱人时,亦有远近亲疏的等差,这就贯穿了"义"的等级原则。荀子说:"君子处仁以义,然后仁也。"(《荀子·大略》)即是这一原则的精辟概括。墨者不知,以"兼爱"说天下,反对儒家"亲亲有术(杀)、尊贤有等"的"亲疏尊卑之异",提出"以兼相爱交相利之法易之"(《墨子·非儒下》及《兼爱中》);主张不问亲疏,不别远近,一视同仁,爱无差等,父母与路人无别。因而孟子讥讽"兼爱"的墨子和"为我"的杨子:"无父无君,是禽兽也。"(《孟子·滕文公下》)在孔子的"仁、义、礼"系统中,仁与义密不可分,施仁必须讲义。

行礼也不可不知义。在孔子看来,义就是礼的核心内容,礼不过是义的表现形式。或者说,义是礼的灵魂,礼是在义的原则下制定出来的外壳。只要合乎义,即使没有礼,也可以依据义的需要制造一个礼出来,此即"礼以义起"。他说:"君子义以为质,礼以行之,孙(逊)以出之,信以成之。"(《论语·卫灵公》)礼之所以可贵,就在于体现了义的原则,失掉了义,礼就形同虚设毫无意义了。《礼记·郊特牲》引孔子曰:"礼之所尊,尊其义也。失其义,陈其数(仪节),祝史之事也。故其数可陈也,其义难知也。知其义而敬守之,天子之所以治天下也。"可见,礼亦离不开义,而且义是礼的内容、礼的精髓、礼的灵魂。

礼是人类实践的行为规范,《荀子·大略》:"礼者,人所履也。"《说文解字》:"礼,履也。"《释名》则曰:"礼,体也。"体,即身体力行。礼就是人们应该照着执行的具体条款。

仁是人类特有的热爱自己族类的情感,是人格的觉醒。义是人类在社会生活中必须遵循的等级原则,是人类道德的自律。故孟子说:"仁,人心也;义,人路也。"(《孟子·告子上》)礼就是这些情感和原则的具体规定。

"仁、义、礼"三者之中,义是最高原则。一个人是否仁,是否知礼,都以其是否知义为最高、最终的裁判。义是人类实现自我价值的必由之路,也是历史上志士仁人的成功之路。早在殷之末世,纣王施虐,生灵涂炭,微子启因谏而不从,离纣而归于文王;箕子则佯狂为奴,以避大祸;比干则直言强谏,被剖心而死。三人皆因各自尽了君臣之义,故孔子誉为"三仁"(《论语·微子》)。

子产治郑,郑人游于乡校,以议执政,然明建议子产拆毁乡校,以绝众议,子产曰:"其所善者,吾则行之;其所恶者,吾则改之。是吾师也,若之何毁之?"(《左传》襄公三十一年)孔子闻之,曰:"人谓子产不仁,吾不信也。"孔子许子产为仁,因为子产履行了尊重民意的为政之义。

齐之管仲,生活侈奢,服饰器用,僭于齐君,孔子深以为"不知礼"(《论语·八佾》)。但由于他协助齐桓公"九合诸侯","一匡天下,民到于今称之",避免了华夏民族"被发左衽"的亡国之苦,实践了君臣之义和为政之义,因此,孔子仍许之"如其仁!如其仁!"(《论语·宪问》)

《礼记·丧服四制》说:"门内之治恩掩义,门外之治义断恩。"仁和义具有不同的适用范围:治内以恩,治外以义。《穀梁传》文公二年:"不以亲亲害尊尊。"亲亲即对亲人的仁爱,尊尊即对尊长的敬意,仁对于义是不应该相妨的。由此观之,我们说,孔子的学说"是以'义'为最高准则、以'仁、义、礼'为一大系统的学说"亦未尝不可。

如果没有礼,人们生活得没有情趣,没有章法,人类就会变得野蛮;如果没有仁,人们没有爱心,没有体谅,人类就会变得残忍;如果没有义,人们没有原则,没有是非观念,人类就变得落后。没有原则,没有标尺,轻则为庸人,重则犯上乱下,颠倒秩序,破坏伦理,影响社会的安定与和谐。因此,孔子在强调"君子无终食之间违仁"和"克己复礼"的同时,也号召人们"徙义"以"崇德",并说:"见义不为,是无勇也。"(《论语·为政》)"群居终日,言不及义,好行小慧(小聪明),难(危险)矣哉!"(《论语·卫灵公》)又说:"闻义不能徙,不善不能改,是吾忧也。"(《论语·述而》)进德劝义,无非要人们提高自律意识,增强责任感,让社会在秩序与和谐中运转。

见义勇为,莫行不义。义之所在,虽抛头颅、洒热血也在所不惜;苟为不义,虽富有天下,亦有所不取。

"不义而富且贵,于我如浮云!"实为天下万世修齐治平之良训!志士仁人,可不勉乎?

第四章　礼者履也
——仁义的必由之路

　　颜渊问仁,孔子说:"克己复礼为仁。一日克己复礼,天下归仁焉。"颜渊又问具体项目,孔子说:"非礼勿视,非礼勿听,非礼勿言,非礼勿动。"

　　"克己复礼"的复,在这里是践履、实施的意思。克己复礼是践履周礼,而不是复辟周礼。这个词最早见于《左传》昭公十二年:"仲尼曰:'古也有志:"克己复礼,仁也。"'"可见,"克己复礼"并不是孔子的发明,而是"古志"上的格言。孔子所称之"古志",自当是春秋以前的志书,最迟也是西周的著作,其时礼乐盛行,周礼未曾丢失,谈不上复辟。

　　复,有践履义。《论语·学而》:"信近于义,言可复也。"朱熹注:"复,践言也。"杨伯峻先生引《左传》荀息"能欲复言而爱身乎",证明复有践履义,其说可从。孔子说,按照周礼办事就是仁,只要人们在视、听、言、动上都依礼行事,天下就把"仁"的称号奉送给他了。

　　一般而言,礼是外加于人的行为规范,仁是人活泼的个性,为什么修炼仁德反要以实践礼制为前提呢? 如前所云,仁在于爱人,义在于知宜,仁有亲疏,义有差等,于是礼就产生了,礼就是仁德和义规的明文规定。仁和义,都是无形的情感和原则,礼则是明确的规定。仁义是无形之礼,礼是有形之仁义,故践礼可以达仁,由礼可以知义。人离不开仁义,当然也离不开礼制。没有仁义,人就不是一个人格自觉和道德自律的人;没有礼,人就不能"言中伦,行中虑",就不是一个社会学意义上的人。因此,讲孔子思想,仅仅言仁言义都不全面,必待"仁、义、礼"三者一起讲才是完完全全的孔子思想。是故在讲了仁义之后,必须再拈出孔子的礼说来加以讨论。

第一节　人与兽的分水岭——礼的必然性

孔子"知礼",并不停留在通晓礼制的仪文节度上,而是对礼进行了很深的学术探讨,提出了许多关于礼的精辟见解,它将仅具有实践意义的礼仪上升到具有理论意义的礼学(或礼教)。它既包括对礼产生的必然性和弘扬礼的必要性的探讨,也包括对礼制演变、礼制内容和形式、礼制与教化诸问题的解答,从而给礼制的推行提供了坚实的理论基础。这里,让我们首先看看孔子和儒家是怎样论述礼的产生及其重要性的。

孔子认为,礼是文明社会的必然产物,只要人不逃避文明的生活,那么礼也就无处不在地牢笼着每一个人,约束着人的每一个活动。《礼记·礼运》记载孔子说:在结束了天下为公的原始社会后,"今大道既隐,天下为家,各亲其亲,各子其子,货力为己,大人世及以为礼,城郭沟池以为固,礼义以为纪。以正君臣,以笃父子,以睦兄弟,以和夫妇,以设制度,以立田里,以贤(表彰)勇智,以功为己"。他说:当原始共产主义社会结束后,天下成了私有制的天下,人们各爱各的亲人,各哺各的子女,社会组织也形成了世袭的一家一姓的权力机制,礼就产生了("大人世及以为礼")。在这个私有制社会里,人们以礼义作为纲纪准绳,来调节君臣关系,加强父子感情,和谐兄弟关系,融洽夫妇爱情,进而形成规章制度、田里区划和尚贤尚能的种种规矩。简言之,由于文明社会的降临,人类社会形成了处理人伦关系(父子、兄弟、夫妇)、社会关系(朋友)和政治关系(君臣、尊卑、贵贱、贤愚)的规范和制度,礼制就这样产生了。

有了礼,文明的人才和野蛮的人区别开来,自由的人才与本能的动物区别开来,完全意义的人也才正式诞生。《周易·序卦传》:"有天地然后有万物,有万物然后有男女,有男女然后有夫妇,有夫妇然后有父子,有父子然后有君臣,有君臣然后有上下,有上下然后礼义有所错。"

这里所说的"男女"有别于"夫妇",即婚姻不明、父子不清的乱婚或群婚状态。"礼义"的产生才将"夫妇""父子""君臣"等社会关系确立下来,才使人类社会进入了文明阶段。在儒家看来,真正的"人",应该是从知道并服行礼义才开始的。荀子也说过:

> 人之所以为人者,非特以其二足而无毛也,以其有辨(别)也。夫禽兽有父子而无父子之亲,有牝牡而无男女之别,故人道莫不有辨,辨莫大于分,分莫大于礼。(《荀子·非相》)

《礼记·曲礼上》亦曰:

> 鹦鹉能言,不离飞鸟;猩猩能言,不离禽兽。今人而无礼,虽能言,不亦禽兽之心乎? 夫惟禽兽无礼,故父子聚麀(共妻)。是故圣人作,为礼以教人,使人以有礼,知自别于禽兽。

人之所以为人,并不仅仅是直立行走、身体无毛的缘故,也不仅仅是因为他口舌能言,而是因为人有适应社会生活的各种礼制,是礼制帮助人确立了自我独立的人格意识,成为有理智、有节制的高等动物;是礼制为人确定了人、我、家庭、社会、政治等观念和规定,使人们在有伦理、有秩序的环境中生活。倘若没有礼义之大防,那将是男女无别,父子共妻,与禽兽没有两样。

可见,礼既是人类社会从野蛮阶段进入文明阶段的必然产物,也是人区别于动物的分水岭,礼的产生有其历史的必然性。

第二节　治与乱的分界线——礼的必要性

礼，荀子解释为"人之所履也"，许慎《说文解字》同之："礼，体也。"《礼记·礼器》也如是说，刘熙《释名》同之。履即践履、实施；体即身体力行，躬自实践。礼是人所履行的规范，举凡人类的物质生活、精神生活、伦理生活、社会生活和政治生活的一切规矩，无一不属于礼的范围。物质生活包括衣、食、住、行，精神生活包括教育、娱乐、祭奠、学术等活动，伦理生活包括夫妇、父子、兄弟、亲戚等关系，社会生活包括朋友、师徒、邻里、同事、长幼等关系，政治生活包括君臣、上下、尊卑、贤愚等区别，甚至心灵生活的祈祷安顿，冥想修行，等等，无不有具体的礼制来节度，以避免人们因这些关系处理不当而造成错乱。礼仪制度正是为不同阶级和阶层、不同等级和类别的人们在这些领域活动中，制定出的相应的行为规范，以便人们处理好各种关系，扮演好自己的角色，以维系整个社会的和谐、长治久安。礼是人格自觉的人们过文明生活的实践哲学。《礼记·坊记》曰：

　　子云："小人贫斯约(窘迫)，富斯骄；约斯盗，骄斯乱。礼者，因人之情而为之节文，以为民坊(防)者也。故圣人之制富贵也，使民富不足以骄，贫不至于约，贵不慊(不满足)于上，故乱益亡(无)。"

又曰：

　　子云："夫礼者，所以章(明)疑别微以为民坊(防)者也。故贵贱有等，衣服有别，朝廷有位(尊卑)，则民有所让。"

可见，礼还是对人欲的节制，对祸乱的防范。实际上，礼即是对人的行为所作的规定。其中"衣服有别"属物质生活，"朝廷有位"属政治生活，"贵贱有等"分属于伦理、社会、政治生活，"民有让"属于社会生活。人类的每一个活动领域无不浸透着礼的规定，无不存在着礼的身影。一个士人如果很好地掌握了这些规定,遵守了这些规范,那他就能很好地立身于这个社会,与人们和谐相处,并可生活幸福、事业有成。此即孔子反复叮嘱"不知礼无以立"(《论语·尧曰》),"不学礼,无以立"(《论语·季氏》)的用意所在。

孔子又说:

> 丘闻之:民之所由生,礼为大。非礼,无以节事天地之神也;非礼,无以辨君臣、上下、长幼之位也;非礼,无以别男女、父子、兄弟之亲,婚姻疏数之交也。(《礼记·哀公问》)

没有礼制,就没有祭天告地的仪式,就无法辨别君臣、上下、长幼之间的职权和差别,就不能区别男女、父子、兄弟之间的亲情关系和亲戚之间的亲疏关系,从伦理关系、社会秩序,到政治地位、宗教活动,都会出现混乱不清的局面。倘若家庭不亲,伦常失序,贵贱失等,君臣失位,祭祀废弛,那么这个社会就颓废了、混乱了,这个国家就不成其为国家,社稷国祚也就不存在了! 可见,礼是维系社会正常运转的必要保证,礼成了治世与乱世的分界线。

第三节　礼从宜:礼之因革

在这个子目下,我们欲就"礼制演变"问题介绍一下孔子的观点:

孔子对早期中国的礼乐文化曾作过一番历史的巡礼,尤其对夏商周三代礼制知之尤详。如前所引,他说:"我欲观夏道,是故之杞,而不足征也,吾得《夏时》焉;我欲观殷道,是故之宋,而不足征也,吾得《坤乾》焉。"(《礼记·礼运》引) 又说:"夏礼吾能言之,而杞不足征也;殷礼吾能言之,而宋不足征也。"(《论语·八佾》) 又说:"郁郁乎文哉!吾从周。"(同前)通过对三代礼制这番认真的考察和鉴别,孔子发现夏商之礼,皆有缺失,唯姬周之制最为完美,而且还发现了三代礼制的历史继承性,提出了著名的礼制"因革"说:

殷因于夏礼,所损益可知也;周因于殷礼,所损益可知也。其或继周者,虽百世可知也。(《论语·为政》)

"因",因循,即继承;"损益",增减,即革新。这段话揭示了历史文化的继承和发展问题。孔子发现,殷礼是在夏礼基础上建立起来的,但有所继承,也有所革新;周礼是在殷礼基础上建立起来的,也是有继承,有所革新。推而广之,孔子认为,中国文化就是在这样一种形式下,在同种同文即同一个文化类型的基础上,实现改朝换代、革故鼎新的。由于历代的文化因素相同,前后继承明显,因此,纵然是传之百世,其间的继承之迹也是可以考察清楚的。人类不能凭空创造历史,每个民族都不能割断历史,只要他还是在上一代文化的氛围中创造历史,他就天然地带上历史文化的脐带。这不仅是中国历史的实际,而且也为正常发展的世界历史所证实。但是,新文化不是旧文化的原样复制,新时代的礼制也不是旧时代礼制的简单回归,一切具有生命力的文化更新,都必须在继承历史文化资料的同时,适时进行变革,以丰润的新制来蕴含历史,以创新的面貌来迎接生活。这是人类文化得以继承和发展,人类历史得以不断前进的重要保证。中国文化之所以代代相因,历久不衰,与其历史继承性基础上的适时之变是分不开的。因而,孔子的三代礼制"因革"说,不仅是对夏商周文化继承关系的准确揭示,而且这一论断也影响后来的中国历史,是使中国文化数千年来保持其"一以贯之"特色的行动指南。就是在今天,在面临如何估价历史、如何处理传统文化与现代化关系的问题上,孔子的这一教诲也同样具有借鉴意义。

第四节 人而不仁,如礼何?

礼,并不意味着枯燥的繁文缛节,仪节的背后具有精义存在。孔子还解答了礼的内容和形式之间的辩证关系问题,使中国文化中关于礼的学说提高到了哲学思考的高度。

一、礼是仁义之节文

孔子之前,不少人论到礼,认为礼是一种外界强制于人的力量,把礼的内容纯粹解释为制度和仪节。孔子则不然,虽然他同样将许多政治设施、伦理制度、社会规范也视为礼的组成部分,但是他认为,在这些规定与仪节背后,有着更深沉的精神实质,具体的礼仪就是这种精神实质的表现形式。形式是内容的外化,礼制亦即仁义的物化。孔子关于"仁者人也,亲亲为大;义者宜也,尊贤为大。亲之杀(差),尊贤之等,礼所生也"(《礼记·中庸》)的名言,就是礼制与仁义这种关系的精辟概括。仁的差别性和义的等级性,就是礼产生的哲学基础和客观依据。

仁义是礼的灵魂,礼是行仁讲义的必要措施。如果说,仁、义是人之为人必不可少的情感与原则的话,那么,礼就是这种情感和原则的外在体现和恰当表达。作为仁、义的明文规定,礼之于人,同样是不可缺少的。这一观点为后世儒家所普遍接受:

孟子曰:"仁之实,事亲是也;义之实,从兄(尊长)是也;智之实,知斯二者弗去是也;礼之实,节文斯二者是也。"(《孟子·离娄上》)

他认为礼是对仁、义的规范("节")和文饰("文")。

荀子也说:"亲亲、故故、庸庸、劳劳,仁之杀(差别)也;贵贵、尊尊、贤贤、老老、长长,义之伦(类别)也。行之得其节(节度),礼之序(秩序)也。"(《荀子·大略》)

也就是热爱亲人，亲近故旧，奖励有功，慰勉勤劳，这是行仁时体现出的差别；敬仰高贵，崇拜尊长，举用贤能，尊敬老人，服从长者，这是讲义时强调的类别。保证以上诸项得以恰当贯彻，礼制中就规定出一定的顺序。可见，荀子同样将礼视为行仁讲义的保证。

仁、义、礼是三位一体的统一体，一方面使仁、义获得了明文规定，以便行之有度；另一方面，又赋予礼以活的灵魂，使礼这一外在节制机制转化成人之为人的内在需要。

如前所述，仁是以"亲亲"为始的人类友爱，宣扬慈爱、谅解、互助、容忍，也承认广大人民群众适当的物质需要，主张改善和提高人民的物质生活水平(庶、富、教)。义是以"尊贤"为首的适宜原则，承认社会有分工、有差别、有等级，人们各有各的位置、权利和义务，强调各级人们自制、自律。礼则是为保证以上精神和原则付诸实施做出的具体规定。如果说，仁是人类的人格自觉，义是人类的道德自律，都属于内在机制的话，那么，礼则是外在机制，它具有一定的强制性，也使仁、义的表达准确到位。

孔子将礼与仁义结合，使内在机制与外在机制协调起来，从而在理论上和实践上将礼学提高到一个新的高度。义的等级性，则为礼的合理性提供了哲学依据，礼不再是纯粹人为的制作，也不再是枯燥的仪节，而是具有丰富思想内容，并为社会所必需的合理设施。在实践上，仁作为人格的自觉意识、义作为道德的自律原则，为礼的顺利推行提供了内在的、能动的保障，实践礼制成了人类的自觉活动和内在需要，不再具有过分强制的意味了。礼作为体现仁义的行为规范，又使行仁讲义具有了可以遵循践履的明确法度，使仁义之法切实可行。如果只有礼而无仁义，礼就成了纯粹的强制力量，必然难行；如果只有仁义而无礼制，人们各行其是，没有公认的准绳，必然事与愿违，造成社会的混乱。

关于此，《说苑·建本》有一则形象的寓言：

　　子路问于孔子曰:"请释(放弃)古之学而行由(子路名仲由)之意,可乎?"孔子曰:"不可。昔者,东夷慕诸夏之义,有女,其夫死,为之内(纳)私婿,终身不嫁。不嫁则不嫁矣,然非贞节之义也。苍梧之弟,娶妻而美,请与兄易。忠则忠矣,然非礼也。今子(你)欲释古之学而行子之意,庸(岂)知子用非为是,用是为非?"

　　这则寓言颇能反映古代朴素的民风民俗,特别是其中所揭示的行仁讲义必须合乎礼制的思想更是非常宝贵的。东夷之女夫死不嫁,这符合"从一而终"的名义,但私下招了个姘夫,实质上并不符合贞节的真谛;苍梧之弟献妻于兄,表面上合乎"从兄"的定义,却违背了人伦之大防,不合乎儒家夫妻之义。行仁讲义都必须在礼制的范围内进行,不能根据自己的理解去各行其是,否则就会造成混乱。

　　二、礼,所以制中

　　礼制,是保证人们行为具有恰当分寸的设施。即使是一个内在修养很高的人,如果行不由礼,也会走向另一个极端,优点反而成了缺点。孔子曰:

　　恭而无礼则劳,慎而无礼则葸(胆怯),勇而无礼则乱,直而无礼则绞(尖刻)。(《论语·泰伯》)

　　恭则敬,慎则寡过,勇则敢为,直则无偏,这些本来都是优良品质,但如果行不由礼,就会适得其反:恭敬而不知节度,整日精神紧张,故劳;谨慎而不知节度,猥琐胆小,故葸;勇猛而不知节度,剽悍逞强,故乱;直率而不知节度,尖酸刻薄,故绞。任何好心善意,都必须以恰当的方式表达出来,这个恰当的方式,便是约定俗成、能为大家所接受的礼。礼正是保证人们行动得体的尺度,故孔子无限感慨地说:

　　礼乎礼! 礼所以制中(适中)也! (《礼记·仲尼燕居》)

　　三、文质彬彬,然后君子

　　孔子论礼,还倾注了他满腔的美学热情。孔子不仅强调礼的精神实质和社会功能,也十分看重礼节仪式的文华之美。礼的内容,孔子称之为"质";礼的形式,孔子称之为"文"。孔子与子贡观礼于鲁太庙之北堂,子贡问孔子:北堂的门扇都是用短块木料镶接成,这是别有用意呢,还是工匠的偶然失误?孔子回答:太庙建筑非常考究,官府招能工巧匠,精雕细刻,怎么会有失误呢?用短木镶接庙门,是为了造型美观,这是"君子贵文"的表现。"贵文"就是看重礼仪的美学价值。

孔子考察三代礼仪,夏尚质,殷尚忠,俱稍逊风骚;又加"文献不足",文华无征,因此不可取。唯独"周监于二代,郁郁乎文哉"(《论语·八佾》),故孔子决定"从周"。除了对西周盛世的憧憬外,其间对周礼美丽文华的陶醉,当是重要原因之一。

由于对礼仪形式美的执迷,孔子有时似乎也不免走了极端,一些已经流于形式的礼制也舍不得丢掉。《论语·八佾》记载说:

> 子贡欲去告朔之饩(xì)羊,子曰:"赐(子贡名)也,尔爱(惜)其羊,我爱其礼!"

"告(gù)朔",即颁布历法之礼。西周时期,历法由周王朝太史统一制定,谓之"朔政"(或"月令")。朔政每年颁发一次,周天子藏于明堂,诸侯藏于太庙。每月朔日(初一),杀一头羊(即"饩羊")祭告祖庙,取出当月朔政执行,此即"告朔"之礼。颁历布朔的制度在农业社会非常重要,故"告朔礼"成为国家重要礼仪活动之一。但是,自周室东迁,王官废职,"幽厉之后,周室微,陪臣执政,史不记时,君不告朔"(《史记·历书》)。诸侯各国也常常"不告月","不视朔"(《左传》文公六年、十六年),颁布历法的告朔制度早已不被认真执行了。不过,鲁国虽不颁历,每月初一还是杀一头羊去祭告祖庙,以虚应故事。一向讲究实际的子贡觉得无此必要,主张将献羊的仪式也省了。孔子则不然,认为虽然破费点,但这个礼仪还是很可爱的,应该保留下去。

孔子的态度当然不能理解成顽固保守,而应从美学的角度来加以解释。

孔子认为,在个人修养上,一定的美质也需要相应的礼仪来文饰。

他说:"君子义以为质,礼以行之。"(《论语·卫灵公》)君子本质上是行义,但为了行义的方便,却要用礼仪来文饰。君子重义,而行其所重又莫非礼仪。因此,当子路问"成人":

> 子曰:"若臧武仲之知(智),(孟)公绰之不欲,卞庄子之勇,冉求之艺(多才),文之以礼乐,亦可以为成人矣。"(《论语·宪问》)

"成人"是一种人格形态,其特征是智、廉、勇、才和知礼乐。臧武仲是鲁国大夫臧孙纥,是著名的智者。他在与季孙氏、孟孙氏的斗争中,敏感地意识到:"季孙之爱我,疾疢(chèn,热病)也;孟孙之恶我,药石也。美疢不如恶石。夫石犹生我,疢之美者,其毒滋多。"(《左传》襄公二十三年)后来,果然应验了他的这番预测,臧孙纥被季孙氏逼奔齐国。"美疢与恶石"之辨也成了警防糖衣炮弹最古老的良训。孟公绰,鲁人,有德而乏才,孔子曾说:"孟公绰为赵魏老(家臣)则优,不可以为滕薛大夫。"他缺乏方面之任的才干;但为人寡欲,廉洁奉公。卞庄子,鲁大夫,守卞邑。《荀子·大略》:"齐人欲伐鲁,忌卞庄子,不敢过卞。"《韩诗外传》又说卞庄子纯孝,母在世,为留下尽孝,三战三北,朋友非之,国君辱之;及其母死,与齐师战,连获三武士,以塞三败之责。冉求,字子有,多才多艺,孔子尝称"求也艺"(《论语·雍也》)。一个人若兼有以上四人的优点:智、廉、勇、才,但还不能算是"成人",必须有待于他对礼乐的修养然后完成。其中奥妙何在呢?子贡对个中奥秘,倒有充分的体会。

> 棘成子曰:"君子质而已矣,何以文为?"子贡曰:"惜乎!夫子之说君子也,驷不及舌(即"一言既出,驷马难追"之意)。文犹质也,质犹文也。虎豹之鞟(kuò,去毛之皮),犹犬羊之鞟。"(《论语·颜渊》)

"文犹质也,质犹文也",意即文与质、质与文同等重要,互相依存。如果没有礼仪作文饰,君子就与小人无异,君子就不成其为君子了,礼仪文章是君子必要的外在修饰。理想的境界是文饰与美质内外结合，完美无憾。孔子所谓"质胜文则野，文胜质则史。文质彬彬，然后君子"（《论语·雍也》）的名言，即是千古君子完成个性修养和仪表修饰的座右铭。"史"，文饰过分，即文绉绉，华而不实。"野"，粗野，不中礼节。任何优秀品质都必须以一种深思熟虑、合乎礼仪的形式表现出来，内容与形式、文与质相称，完美和谐（即"文质彬彬"），才算意义完全的君子。否则，任何一个方面（文或质）的过剩，都是不理想的组合。

子路是孔子心爱的弟子，对老师忠心耿耿，追随至诚，孔子认为如果"道之不行，乘桴（木筏）浮于海"，能够与自己共患难，紧跟无悔者，只有子路一人。但由于子路性格过于直率，缺乏礼仪约束，言行过分粗鲁，不合乎文质相称的审美要求，于是，孔子曾一次又一次地责怪说："野哉！由也！"

孔子也反对过分追求形式，认为一个读书人咬文嚼字，言行虚伪，也不可取。孔子告诫子夏说："女为君子儒，无为小人儒。"就含有不要文胜于质的规劝。

良好的内在修养，优雅的言语举止，心灵美、语言美、行为美、仪表美，处处给人以爱，给人以温馨，形式得体，方法得当。这样的人，还有谁不心悦诚服，称他为"君子"呢？

四、林放问礼之本

《论语·八佾》载：

> 林放问礼之本，子曰："大哉问！礼与其奢也，宁俭；丧与其易（周到）也，宁戚（哀伤）。"

林放问礼的根本内容，孔子说："这是个十分重要的问题呀！礼嘛，与其过分奢侈铺张，不如节俭；丧事与其礼数周全却毫不动情，宁愿哀伤一点。"

《礼记·檀弓上》亦载子路曰："吾闻诸夫子：'丧礼，与其哀不足而礼有余也，不若礼不足而哀有余也；祭礼，与其敬不足而礼有余也,不若礼不足而敬有余也。'"

两则资料可以相互为证,互相说明。祭礼是为了表达人对神的敬意而举行的,丧礼是为了表达生者对死者的哀悼之情才举行的,与其礼仪隆重而不哀不敬,不如哀敬有余而礼数不足。礼仪不是空洞的,也不是虚设故事,而是表达特定情感的需要,其实质为的是将人的内心情感渲染得更加浓郁,更加尽情。

有是情乃有是礼,无斯情即无斯礼。故孔子曰:"君子礼以饰情。"(《礼记·曾子问》引)《荀子·大略》也说:"礼之大凡:事生,饰欢(表达高兴)也;送死,饰哀(表达悲伤)也;军旅,饰威(显示威严)也。"说明的都是同一个意思:礼是内心感情的表达,礼是内情的外现。倘若没有真情实感,徒具礼数,纵然仪式隆重无比,那也不足一观:

子曰:"居上不宽,为礼(祭礼)不敬,临丧不哀,吾何以观之哉?"(《论语·八佾》)

因此,尽管孔子对礼仪文华崇尚有加,尽管他强调形式对内容的积极作用,但是,当礼仪文华成了虚伪之物,形式成了空洞架子的时候,孔子宁愿选择内容,注重实情。特别是作为礼仪核心内容的"仁义"倘若被丢掉了,即使其人将礼仪活动搞得多么隆重,孔子也不会将"知礼"的美名轻许其人。他说:

人而不仁,如礼何? 人而不仁,如乐何? (《论语·八佾》)

又说:

礼云礼云,玉帛云乎哉! 乐云乐云,钟鼓云乎哉! (《论语·阳货》)

孔子说:人若没有仁心,还侈谈什么礼呢? 人若没有仁心,还谈什么乐呢? 礼呀礼呀,难道就是摆些玉器、绸缎就算数了吗? 乐呀乐呀,难道敲金弹革就算数了吗? 不是! 不是! 礼乐之所以成其为礼乐,就因为它蕴含了真情实意,具有仁义之德。情是根本,仁义是核心,礼仪是末节。荀子说:"制礼,反本、成末,然后礼也!"(《荀子·大略》）——根据人心情感之根本，完成礼仪之末节，礼于是就产生了。这正是孔子礼教学说的正确阐释。

第五节　一日克己复礼，天下归仁焉

在孔子看来，礼具有历史的必然性和现实的必要性，人要想过文明、秩序的生活，就必须在礼的范围内行动。礼以仁义为内容，仁是人类本性的升华，是人格的自觉；义是人类道德的自律，是人类文明的保障。那么，实践礼制就成了唤发仁心、增强义气的过程，是实现社会文明和个人价值的必由之路。没有礼、不知礼，人就不知道怎样修成仁德，怎样勇于为义，人就不能成为完全意义的人。不为礼，不行礼，人就永远处于凡夫俗子状态，永远只配向仁人君子的彼岸望洋兴叹！与其临渊而羡鱼，不如退而结网。欲企圣成仁的志士君子，就当沿着礼制的航标，高扬起理想的风帆，抵达仁义的彼岸。为此，孔子要求人们"克己复礼"，教导人们在伦理生活、社会生活、政治生活各个领域，都按礼制行事，做到"非礼勿动"。

孟懿子问孝，孔子曰："无违。"又曰："生事之以礼，死葬之以礼，祭之以礼。"（《论语·为政》）这是说家庭伦理生活，尽孝敬长，应该遵之以礼。

孔子又曰："益者三乐：乐节礼乐，乐道人之善，乐多贤友，益也。"（《论语·季氏》）对人有益的三种处事之道，首先是以礼乐为节制，是社会生活，须遵之以礼。

又说："导之以德，齐之以礼，（民）有耻且格。"（《论语·为政》）对人民要用德来表帅之，用礼来统一之，这样人民就不会犯规（格），并有廉耻之心。

又说："君使臣以礼，臣事君以忠。""事君尽礼。"（俱见《论语·八佾》）无论是对民，还是对君，都要以礼为手段。政治生活，须遵之以礼。

礼具有广泛的约束性,也具有广泛的应用价值。在修身上,如果按礼办事,"言中规,行中伦,用中权",就会成为仁人,成为君子。在社会上,如果找准自己的位置,尽自己的职分,就不会与人冲撞,不仅自己事业有成,而且社会也得惠,实现安定和秩序。作为统治者,如果将礼乐教化推行天下,人人被教,个个知礼,那么,必然处处是丝竹管弦之声,处处有行为礼貌之民。这样一来,天下何愁不治,何愁不太平呢?倡礼行礼有这样多的好处,无怪孔子要低吟婉唱:"一日克己复礼,天下归仁焉。"

在讲完了儒家的"仁、义、礼"之后,我们还想将深通仁、义、礼之道而又是反对派的韩非的一段论述引录出来,以与上述诸论相参考:

> 仁者,谓其中心欣然爱人也。其喜人之有福而恶人之有祸也,生心之所不能已也,非求其报也,故曰"上仁为之而无以为也"。义者,君臣上下之事,父子贵贱之差也,知交朋友之接也,亲疏内外之分也。臣事君宜,下怀上宜,子事父宜,贱敬贵宜,知交友朋之相助也宜,亲者内而疏者外宜。义者谓其宜也,宜而为之,故曰"上义为之而有以为也"。礼者,所以貌情也,群义之文章也,君臣父子之交也,贵贱贤不肖之所以别也。中心怀而不谕,故疾趋卑拜以明之;实心爱而不知,故好言繁辞以信之。礼者,外饰之所以谕内也,故曰"礼以貌情也"。(《韩非子·解老》)

第五章　中庸之道

——方法论和处世哲学

孔子说:"中庸之为德也,其至矣乎? 民鲜能久矣!"(《论语·雍也》)中庸是一种常人很难达到的崇高的德行,孔子称之为"至矣",即人生修养的最高境界。可是,我们今天提及"中庸"一词,就会使人想起"折中主义"的指责,以为中庸是无原则、无是非、和稀泥的方法,还会想起那些庸俗之人唯唯诺诺,庸庸碌碌,无所作为的样子,等等。这就不能不令人困惑,终生奋斗不息,不知老之将至的一代哲人孔子,怎么会把这种随处可见的平庸人格说成是"民鲜能久矣"的至德! 那么,"中庸"到底为何物呢?

中庸是孔子的一种思想方法,在孔子"仁、义、礼"结合的思想体系中,在他因材施教的教学实践中,在他因时制宜的出处进退和待人接物的活动中,无不贯穿着中庸的方法,无不打上中庸的烙印。随着孔子被尊为至圣先师,儒学被待以至尊地位,中庸作为儒学的思想特征之一,成为影响和规范中国文化的指南和模式。因此,中庸是准确理解孔子及其思想的钥匙,是认识儒家思想的一大关键,也是了解中国文化特色的一个门径,我们切不可受历史上对中庸误解的影响而等闲视之,漠然置之。如果那样,我们就成了不善于吸取圣贤智慧的愚人。

根据孔子关于"中庸"精神的论述和他的为人处事方法,我们可以将中庸这一思想方法归纳为四项,即适中、中正、中和、时中。下面分别言之。

第一节　允执厥中——适中

适中,即无过不及、恰到好处。"中庸",按其本训,即用中。庸即用,《庄子·齐物论》:"庸也者,用也。"《说文解字》:"庸,用也。"即其证。用中,掌握恰当的分寸,用恰当的方式、方法和尺度来修身、处事、治世。这就是《礼记·中庸》所说:"执其两端,用其中于民。"即控制两个极端,以恰当(中)的分寸来治理人民。孔子认为"用中于民"的思想渊源悠久,传自尧舜。是尧、舜、禹、汤相传的秘诀:

尧曰:"咨尔舜:'天之历数(节度)在尔躬(身),允执厥(其)中。四海困穷,天禄永终。'"舜亦以命禹。(《论语·尧曰》)

"天之历数",指根据天体运行规律制定的历法等节度,这里侧重于天体的运行节度和规律。孔子认为,是在尧的时代,推步天文,制定了历法;也是从尧开始,法天行之节度(即规律)来治理社会。他说:"大哉尧之为君也!巍巍乎!唯天为大,唯尧则之。"(《论语·泰伯》)而尧舜则天治世的主要内容,即法天行适度的原则,把握适中("允执其中")的限度。如果走极端,将天下弄得走投无路("困穷"),上天赐予的禄位也就永远终止了。他反对过分和过火的行为,认为过分的强硬措施,是不得人心的暴政、苛政和虐政。但也不能走松弛宽政的极端,过分柔政,也会适得其反,造成民心淫佚,风气不振。因而孔子说:"爱之(民)能勿劳(劳苦)乎?"(《论语·宪问》)爱民、惠民并不是完全不要人民从事必要的劳动。历史的经验证明:若统治者一味地实行强权政治,就会加深人民的反抗情绪,若到了人民走投无路的时候,天赐之禄当然就将永远离统治者而去了。相反,若统治者过分柔惠,朝廷无威,政令不行,法禁不止,民风颓废,地方坐大,豪强割据,甚至地方势力武断乡曲,抗衡中央,就不利于社会安宁和稳定。因此,一定要"允执厥中","用其中于民",刚而不至于猛,惠而不至于软,爱之劳之，取之予之，然后天下安定。

适中的原则在教学上和修身中也极为重要。孔子在教学中善于分析弟子的优劣、善否、长短，因材施教，很好地贯彻了中庸的方法。一次，子路问孔子："闻斯行诸?"孔子说："有父兄在，如之何其闻斯行之?"后来，冉求向孔子请教同一个问题，孔子却欣然答道："闻斯行之!"公西华很不理解，孔子解释说："求也退（胆怯），故进（促进）之；由也兼人（逞强），故退（抑退）之。"（《论语·先进》）子路为人言必行，行必果，听到了一个善言，若是自己还未付诸实践，唯恐又听到新的。他为人好勇逞强，显得咄咄逼人，不合乎"孙（逊）以出之"（《论语·卫灵公》）的修身之道，故孔子有意抑退他。冉求为人胆怯，见义不能勇为，又不合乎"当仁不让于师"（《论语·卫灵公》）的精神，故孔子促进之。孔子对子路、对冉求的不同教诲，正在于掌握适中的原则。

子贡问子张与子夏二人孰优? 孔子说："师（子张）也过（过度），商（子夏）也不及。"子贡说："然则师愈（优）与?"孔子曰："过犹不及。"（《论语·先进》）子张性偏激，有些急躁冒进，孔子曾说，"师也辟"，即志趣孤高而流于偏激；子夏重文，是位谨小慎微的纯儒，孔子曾告诫他："女为君子儒，无为小人儒。"没有大志固然不好，因为无大志就不能最大限度地开发人的潜能；但志高气盛，流于偏激也不好，因为偏激会造成狂妄自大，孤高脱群。向任何一个方面走极端，都不是君子的理想人格，故孔子说"过犹不及"。孔子的理想人格是知进知退，知刚知柔，防其两极，慎守中道。有一善行，但又保持一定的分寸，不把某种品质推向极端，避免走入死胡同。物极必反，任何东西过分地强调都会走向反面，就会适得其反。正如英国诗人乔叟所说："怀疑一切与信任一切是同样的错误。能得乎其中，方为正道。"列宁亦说："只要向前再多走一小步——看来仿佛依然是向同一方面前进的一小步——真理就会变成谬误。"很多人虽有很多善行和美德，但由于过分发挥，走了极端，优点反而成了缺点。孔子在自己的个性修养上，就是

恰当把握分寸,正确培养美德,因而成了圣人。《淮南子·人间》记载说:

> 人或问孔子曰:"颜回何如人也?"曰:"仁人也。丘弗如也。"
> "子贡何如人也?"曰:"辩人也。丘弗如也。""子路何如人也?"
> 曰:"勇人也。丘弗如也。"宾曰:"三人皆贤于夫子,而为夫子
> 役(指使),何也?"孔子曰:"丘能仁且忍,辩且讷,勇且怯。以三
> 子之能易(换)丘一道,丘弗为也。"

孔子认为,颜回、子贡、子路都有他们的过人之处,甚至这些长处在某种意义上是自己赶不上的("丘弗如也"),但由于不善于执中,不善于掌握恰当的分寸,因而都未能尽善尽美。孔子自己则兼有众人之长,而无众人之短,能把握火候,恰到好处,因此,虽然在具体技能方面不及诸人,但他具有综合优势,这是众人不能比拟的。这段话亦见于《说苑·杂言》《论衡·定贤》《列子·仲尼》等书,未必真出自孔子之口,但它表达的行为适中,无过不及的思想,却与孔子"过犹不及"观点如出一辙。

孔子又说:

> 聪明圣知(智),守之以愚;功被(盖)天下,守之以让;勇力抚
> 世,守之以怯;富有四海,守之以谦。此所谓挹(抑)而损之之道
> 也。(《荀子·宥坐》)

这里说的处于一定地位后,用"挹而损之"的方法来保持适中状态,同样合乎中庸的思想,值得人们深思和借鉴。

第二节　无过与不及——中正

中可训正。许慎《说文解字》于史字下曰："中，正也。"朱骏声《说文通训定声》曰："其本训当为矢著(着)正也"，"著侯(箭靶)之正为中，故中即训正"。因此，《论语·尧曰》皇侃疏"允执厥中"的"中"为："中正之道也。"中正是讲一个人的行为走正道，言中规，行中伦，表里一致，名实一致。孔子要求人们，在修养上，内在的修养与外在的修饰吻合起来。他一则说"质胜文则野"，又说"文胜质则史(文诌诌)"，主张"文质彬彬，然后君子"(《论语·雍也》)。在政治生活和社会生活中，他要求用人时才能与职位相符，行为与名分相符：首先，要"选贤才"。认为"政在得人"，得其人而天下治。孔子曾根据《易经》"负且乘，致寇至"的思想，发挥说："负也者，小人之事也；乘也者，君子之器(名位)也。小人而乘君子之器，盗思夺之矣。"(《周易·系辞上》)孔子认为政治职位应该君子据有。如果才浅德薄的小人占据了位子，德才与名位不相称，连强盗也不服气，思有以夺之。其次，他主张"正名"。他要求人们名实相符，做到"君君、臣臣、父父、子子"，每个阶层、每个阶级的人们，每一伦理关系中的人们，做到自己的行为与自己的职分、地位和名分相适应，既不过分，也不失职。只有人人扮演好社会分配给他的角色，人尽其职，人守其分，于是就言顺事成，礼乐兴化，社会就有秩序，天下就蒸蒸大治了。他认为，国家政治实际上就是保持中正的过程，只要行中正，安名分，秩序井然，天下就不难实现太平。因此，他说："政者，正也。子帅以正，孰敢不正？"(《论语·颜渊》)又说："其身正，不令而行；其身不正，虽令不从。"(《论语·子路》)为政者守中正，不失职，不越分，就能表率天下，风化万民。

中正的另一含义是在物质享受上合乎身份，合乎礼制。在礼制社会里，每个等级在物质享受上都有相应的规定，从服饰、车马、居处到礼乐、文章,都有具体的条款。这既是标志社会等级尊卑的必要措施,也是等级制度的物质反映。《左传》宣公十二年说:"君子、小人,物有常服,贵有常尊,贱有等威,礼不逆(乱)也。"即指此而言。同时,对一定阶层物质享受做出必要的规定,也是物质生产力不发达社会保持整个社会物质供应的必要措施。

需要是难以满足的,人欲更甚,如果统治者任意获取,贪得无厌,就会过多地掠夺劳动者的财富,影响他人的生存和幸福,就会激起民变,招来祸患。孔子说:"慢(多)藏诲盗,冶容诲淫。"(《周易·系辞上》)季康子患盗,问防盗之法于孔子,子曰:"苟子之不欲,虽赏之不窃。"(《论语·颜渊》)可惜统治者很少有人知道这个道理。季孙富比周公,还贪心不足,要冉求帮他聚敛,气得孔子发誓说:"非吾徒(学生)也!小子鸣鼓而攻之可也!"(《论语·先进》)《盐铁论·褒贤》亦记载,"季、孟之权,三桓之富,不可及也。孔子为之曰:'微,为人臣权均于君,富侔于国者,亡'"!表现出对季孙氏等"三桓"贵族为富不仁的极大愤慨。"三桓"在礼乐享受上也僭于国君。按规定,大夫只能用四八三十二人(四佾)演奏的歌舞,季孙氏却用八八六十四人(八佾),这是天子才能享用的规格。对此孔子愤愤曰:"八佾舞于庭,是可忍也,孰不可忍也!"(《论语·八佾》)《雍》乐是天子用来祭告祖庙的礼乐,"三桓"在祭祀祖先时也用了,乐曲虽然雍容盛美,但不应该由三家大夫享用,于是孔子引用《雍》诗中"相维辟公,天子穆穆"两句,讽刺说:"天子肃穆作祭主,恭谨傧相是诸侯。这怎么能在三家之堂看见呢?"(《论语·八佾》)对这种过分聚敛,过分靡费,不守礼制之中正的行为,孔子是深恶痛绝的。这既使礼制紊乱,混淆了上下关系,不利于等级社会的和谐;又过多聚敛,重赋于民,影响人民的正常生产和生活,不利于阶级社会的长期稳定。

但是,出于对礼乐的酷爱和对等级的维护,孔子也反对过分俭朴,认为享受和文饰不称其位,亦有失身份,有违礼仪。从前,楚国有个贤相,叫孙叔敖,修养极高,一心为公。他不念得失,三得相位无喜色,三已(罢)之无忧色。他为相三月,施教于民,吏无奸邪,盗贼不兴,在才干上和个人品质上无可非议。但他生活太俭朴,"妻不衣帛,马不秣(饲)粟。孔子曰:'不可,太俭极下。此《蟋蟀》所为作也'"。(《盐铁论·通有》)孔子说孙叔敖过分俭朴,这是《蟋蟀》之诗所讽劝的。《蟋蟀》是《诗经》的一篇,《诗序》说:"《蟋蟀》,刺晋僖公也。俭不中礼,故作是诗以闵(悯)之,欲其及时以礼自虞(娱)也。"晋僖公也节俭,却不中礼仪,故诗人作《蟋蟀》之诗来规劝他,要他遵循礼制,及时行乐。《蟋蟀》之诗第一章说:"蟋蟀在堂,岁聿其莫。今我不乐,日月其除。无已大康,职思其居。好乐无荒,良士瞿瞿。"大意是说:蟋蟀室内把身藏,岁末年梢好时光。今日不欢为何事?及时行乐莫惆怅。享受不要太夸张,把握分寸细思量。君子好乐不荒淫,善良的人啊爱文章。在孔子看来,名实、文质应当相称,太奢僭礼,固然可非;而过俭不中礼,亦未为可誉。要在乎"无过无不及"的中正之度。

第三节　和而不同——中和

中亦训和。《白虎通德论·五行》曰:"中央者,中和也。"《论语·雍也》:"中庸之为德也。"皇侃疏亦曰:"中,中和也。"中和是正确处理矛盾,使对立的双方既相互对立,相互制约,又相互依存,相互促进,和谐地共处于统一体中。差别天然存在,矛盾不可避免,无处不在,无时不有,如何处理这些矛盾?

先秦法家看到了矛盾的对立性,将它绝对化、扩大化,认为不是甲方战胜乙方,就是乙方战胜甲方;不是东风压倒西风,就是西风压倒东风,主张采用强硬手段,以严刑峻法镇压人民。"夫严刑者,民之所畏也;重罚者,民之所恶也。故圣人陈其所畏以禁其邪,设其所恶,以防其奸,是以国安而暴乱不起。吾以是明仁义爱惠之不足用,而严刑重

罚之可以治国也。"(《韩非子·奸劫弑臣》)

　　道家则无视矛盾,认为矛盾是相对的,可以互相转化,但不分场合,将转化视为无条件的、绝对的,将转化的可能性视为现实性,因而根本提不出解决现实矛盾的办法。老子说:"祸兮福之所倚,福兮祸之所伏。孰知其极? 其无正也,正复为奇,善复为妖。"(《老子》五十八章)

　　墨家则看到了矛盾的调和性,无视差别,认为矛盾不分主次,不讲彼此,都可以和乐地相处,因此,提出"兼相爱,交相利","视人之国,若视其国;视人之家,若视其家;视人之身,若视其身","为彼,犹为己也"(《墨子·兼爱》中、下)。

　　法家弊病在于扩大矛盾,增加对立,最后矛盾的双方也就在尖锐的对立斗争中解体和消亡,统治者与被统治者同归于尽;道家的方法回避矛盾,但矛盾仍然存在,没有解决矛盾;墨家的方法,不讲主客,不分彼此,这不是矛盾对立的实际,因而他们"兼爱"的主张也是不现实的。

　　唯有儒家,唯有孔子,既看到了矛盾的对立性,又看到了矛盾的同一性,但也看到了矛盾协调共处的必要性。于是,提出了"中和"的方法。中和既不回避问题、无视矛盾,也不激化矛盾、调和矛盾。它讲究的是促成对立面力量的均衡和矛盾双方的互补。这集中体现在"和同"之辨上,孔子曰:

　　君子和而不同,小人同而不和。(《论语·子路》)

　　什么是和? 什么是同? 正如匡亚明先生所云:"在先秦时代,人们把保持矛盾对立面的和谐叫作和,把取消矛盾对立面的差异叫作同,和与同有原则的区别。"(《孔子评传》齐鲁书社版)。这一解释深得圣贤"和同"之旨。《左传》昭公二十一年,辨析和与同,说得十分形象:

　　公曰:"和与同,异乎?"(晏婴)对曰:"异。和,如羹(烹调)焉。水、火、醯(醋)、醢(酱)、鹽(盐)、梅(酸梅)以烹鱼肉,燀

（煮）之以薪，宰夫和之，齐（调）之以味，济其不及，以泄（减）其过，君子食之，以平其心。君臣亦然。君所谓可，而有否焉，臣献（指陈）其否，以成其可；君所谓否，而有可焉，臣献其可，以去其否。是以政平而不干（乱），民无争心。故《诗》曰：'亦有和羹，既戒（敬）既平。鬷（通总）嘏（大政）无言，时（于是）靡（无）有争。'"

晏婴说，和就像烹调一样，美味是不同配料互相调节的结果。政治也如此，君王认为可以的，但实际上存在不妥因素，臣子从相反角度将不妥处指陈出来；反之亦然，君王否定的，但实际上存在可取之处，臣子亦应指出，这就使君王能更全面、更系统地看待问题、做出决策。这就可以从否定性意见中，吸取补益，克服决策的偏见和局限，达到政平而无乱的效果。否则如果君可臣亦曰可，君否臣亦曰否，那就像以水济水，以盐济盐一样，就不会调出美味，甚而会将问题推向极端，使之达到崩溃的境地。

中和的原理，是利用矛盾的对立性，通过调节取得平衡，这在君臣关系上表现为"和而不同"，在施政方法上又表现为"宽猛相济"。理想的政治即是不偏不倚，不刚不猛，行乎中正，恰到好处。但现实生活中很难准确把握中正的分寸，不是宽就是猛，因而补救的措施是"宽猛相济"。

《左传》昭公二十年说：

郑子产有疾，谓子大叔曰：'我死，子必为政。唯有德者能以宽服（治理）民，其次莫如猛。夫火烈，民望而畏之，故鲜死焉；水懦弱，民狎而玩之，则多死焉。故宽难。'疾数月而卒。大叔为政，不忍猛而宽。郑国多盗，取（抢）人于萑苻之泽。大叔悔之，曰：'吾早从夫子（指子产），不及（致于）此。'兴徒兵（发兵）以攻萑苻之盗，尽杀之，盗少止。仲尼曰：'善哉！政宽则民慢，慢则纠之以猛；猛则民残，残则施之以宽。宽以济猛，猛以济宽，政是以和。'

　　这则故事充分表明了孔子的中和思想。子产是春秋时期郑国政治家,他惠政爱民,孔子称他为"惠人",并说他"有君子之道四焉:其行己也恭,其事上也敬,其养民也惠,其使民也义"(《论语·公冶长》)。子产的政治特色是宽。但由于他兼有恭、敬、惠、义的仁者品质,因而宽政得恰到好处,郑国大治,此之谓"行中正"。但是子太叔德不及子产,不善于把握分寸,行宽政而导致软弱,故郑国多盗,后来只好以刚猛手段进行"严打",使宽政不致于软弱。一宽一猛,迭相参用,从而达到不慢不残的中和尺度。

　　由此可见,实行宽政,保持中和的状态,这要求统治者具有很高的修养,进行综合治理;施行猛政,而先设其禁,以威守之,保证社会等级和阶级的堤防不被冲决,简便易行,因而成为中智、无德之人治理天下行之有效的方法。

第四节　无可无不可——时中

　　时中,即适时用中,也就是看准时机,运用中德。《礼记·中庸》引孔子说:"君子之中庸也,君子而时中"即是此意。用中还要视时间、地点、对象而定,因时制宜,即中庸的灵活性;当行则行,当止则止,亦即孔子自称的"无可无不可"。在《论语·微子》中,孔子曾评价历史上的几位大贤说:

　　　　不降其志,不辱其身,伯夷、叔齐与!谓:"柳下惠、少连,降志辱身矣,言中伦,行中虑,其斯而已矣。"谓:"虞仲、夷逸,隐居放言,身中清,废中权。我则异于是,无可无不可。"

　　孔子认为,古代这几位大贤,都各有优点,不仕乱世,也不仕新朝,饿死首阳山的伯夷、叔齐,不降低志向,不玷污身份,保持了清名;柳下惠、少连虽降志辱身,出仕于污浊的朝廷,但不同流合污,言论得体,三思而行,委屈求全;虞仲、夷逸隐居不仕,横议古今,立身清高,不事王侯,高尚其事,自由自在。孔子自己则"无可无不可",不执一端,不死守一种形式。他既不做伯夷、叔齐那样纯粹避世的隐士,也不做柳下惠、少连那样的委屈求全的循吏,也不做虞仲、夷逸那样岩下放言、不负责任的狂人。他不抱一走极端,出处进退,全视时机而定。他既以教书为业,又当过大夫,位至摄相;四处流落,干君不遇,也被待以厚礼,受聘而不赴……他在齐国不受重视,捞起正在锅里煮饭的米,义无反顾地离开了;在鲁国受冷落,也不等脱冕辞职便驾车出走。而当将离国境时,他却一步一回头,又是恋恋不舍的样子。他说:"迟迟吾行也,去父母国之道也!"

孟子说:"可以速而(就)速,可以久而(就)久,可以处而处,可以仕而仕,孔子也!"又说:"伯夷,圣之清(清高)者也;伊尹,圣之任(负责)者也;柳下惠,圣之和(随和)者也;孔子,圣之时(适时)者也!"(《孟子·万章下》)"圣之时者",即圣人中最能按适时执中原则办事的人。孔子的一生,恰好是"圣之时者"的生动说明。

时中,又表现为待人处事的权变、灵活。孔子曾说:"可与共学,未可与适道;可与适道,未可与立;可与立,未可与权。"(《论语·子罕》)适道,即达到闻道境界;立,即有所建树;权,即灵活性。原则性的内容(或规定)叫"经",根据具体情况而采取的灵活措施是"权"。原则性应该遵守,但死守教条,不知具体问题具体分析,不能因时制宜,那也不利于事业和行道。孟子说:"执中无权,犹执一也。所恶执一者,为(因)其贼道也,举一而废百也。"(《孟子·尽心上》)遵礼,本是孔孟所提倡的,但只知守礼而不知权变,株守一律以应万变,势必刻舟求剑、胶柱鼓瑟,难以实行。比如"男女授受不亲,礼也(为经)。嫂溺(淹),援之以手者,权也"(《孟子·离娄上》)。男女授受不亲这是礼之大防,但看到嫂嫂掉到井里也不伸手拉上来,也就未免愚蠢了。灵活机动,具体问题具体分析,这是中庸法则活的灵魂。

孔子在教学中成功地贯彻了"时中"的精神。孔子本以"闻道"

"知天命"为学习的最高境界,认为"不知命无以为君子"(《论语·尧曰》)。但他并不强求人人闻道,个个知命,而是根据智商的高低分别告以不同的内容:"中人以上,可以语上(道)也;中人以下,不可以语上(道)也。"(《论语·雍也》)他认为:"可与言而不与之言,失人;不可与言而与言,失言。知者不失人,亦不失言。"(《论语·卫灵公》)因材施教,这正是时中之法在教学中的成功运用。

第五节 憎恨老好人——反对乡原

孔子的中庸思想,是一个比较成熟的对待矛盾、处理矛盾的思想方法和处世艺术。如上所述,中庸主要包括四个方面,即适中、中正、中和、时中。其中适中是最基本的,其他三项都从属于适中,是在适中原则下的具体应用和灵活处理。适中要求人们的言行掌握分寸,保持恰当的度,做到无过与不及,恰到好处;中正,是在适中的指导下,要求人们言行合乎规范,名实相符,行中正,无偏倚;中和,是保持矛盾双方力量对比平衡的方法,也是适中原则在处理矛盾时的具体应用;时中,讲灵活性,要求人们的行为合乎时尚,适宜于对象,在执中时具体问题具体分析,这是适中在处事中的灵活运用。核心是"适中",其他三者都是"中"的不同应用。

孔子的中庸思想,是建立在对矛盾问题认识比较正确基础之上的产物。它正视矛盾,不回避矛盾;它承认矛盾有差异性,有斗争性,因而提出减轻斗争性的"适中"法;它也关注矛盾的同一性,因而欲发展同一性,提出"中和"法;它也承认矛盾的特殊性,要具体问题具体分析,因而提出"时中"法。中庸思想并不调和矛盾,搞折中主义,相反,它具有坚定的原则性和规范性,这个原则就是义,这个规范就是礼,认为各阶层都应遵礼守义,故孔子又提出"中正"法。孔子还认为掌握中庸分寸的客观标准就是礼,他说:"礼乎礼!夫礼所以制中也!"(《礼记·仲尼燕居》)可见,中庸是有原则的,不是折中的,更不是"和稀泥"。

孔子最推崇的"中庸"之法,由于要求很高,故很少有人做到。他那句"中庸之为德也,其至矣乎! 民鲜能久矣"的感慨,表达了对世人难臻中庸佳境的满腹遗憾。既然"民鲜能久矣",难得中庸,那就只好退而求其次了。他说,与中庸相临的思想方法和处世态度是狂、狷。如果做不到中庸,就取其狂、狷。"不得中行而与之,必也狂狷乎! 狂者进取,狷者有所不为也。"(《论语·子路》)孔子说,如果不能与中庸之人相处,非让我选择其一的话,我情愿选狂狷之人,狂者积极进取,有所作为;狷者洁身自好,有所不为。狂,即志大而急躁,大概如子路;狷,即洁身自好不大进取,大概如冉求。唯独反对那种既做不到中庸,又不愿做狂狷之人,却貌似中庸,处处搞折中主义,此即孔孟深恶痛绝的"乡原"。"乡原,德之贼也!"(《论语·阳货》)何为"乡原"? 为什么是德之贼呢? 因为它似德而非德,貌是而实非。孟子曾刻画"乡原"的形象说:

> 非之无举也,刺之无刺也,同乎流俗,合乎污世,居之似忠信,行之似廉洁,众皆悦之,自以为是,而不可与入尧舜之道,故曰"德之贼"也。(《孟子·尽心下》)

"乡原"之人是那样一种人:你想非议他,他却没有明显的错误;你想讽刺他,他又没露出明显的把柄。他与流俗相应和,与污世相浮沉,居于乡里貌似忠信,行之邦国又似乎很廉洁,平庸之辈都喜欢他,他也自鸣得意,自以为是。这种人是不合乎儒家理论的,因为他表面上表现很好,内心却毫无修养;他虽然得到一些人欢迎,但那是靠同流合污换取的平庸之辈的欣赏。

"乡原"一个最大的特征是没有原则,没有是非,一味地讨好、巴结世人,逢人一番笑,无事话天凉,胁肩谄笑,求得青睐和注目,这与儒家提倡的"君子之于天下也,无适(迁就)也,无莫(决绝)也,义(原则)之与比"(《论语·里仁》),完全是格格不入的。这种人与"损者三友"

(即"友便辟(谄媚奉承),友善柔,友便佞(夸夸其谈)"(《论语·季氏》)一样,于事无补,于人有害。

"乡原"之人在汉代已被称"中庸"了。东汉末有位胡广,大概就属于此类。当时京师有谚语曰:"万事不理问伯始,天下中庸有胡公。"胡广字伯始,《后汉书》说他温柔谨厚,言逊貌恭;明于朝章,练达世事。东汉末年,外戚专权,宦官为祸,党锢成灾,名士贬死,他却历事六帝(安、顺、冲、质、桓、灵),礼遇逾隆,是位善于宦海浮沉的不倒翁。他并不坏,但也称不上好,为官的诀窍即是遇事庸庸,在大是大非面前从不表态,更不敢坚持真理。在中国历史上,能够像胡广那样固位保禄的官员,恐怕只有五代时历仕五姓的冯道才堪与之匹敌。不知汉人是怎么搞的,像胡广这种德行却给他戴上"中庸"的桂冠,实在是对孔子中庸学说的亵渎。这从另一个侧面说明,中庸之德已久绝人世,连汉人也不知为何物了。

在孔孟看来,"乡原"之人比明目张胆的恶人害处更大。他们貌似忠信,貌似廉洁,貌似有德,比老牌坏蛋惑人更多,为害更大。孔子非常讨厌这样的人,就是出于"恶似而非者"的考虑。人们"恶莠(狗尾草),恐其乱苗也;恶佞,恐其乱义也;恶利口,恐其乱信也;恶郑声,恐其乱乐也;恶紫,恐其乱朱也",同样,"恶乡原"就是"恐其乱德也"!

对于"乡原"之人,孔子避之唯恐不及,说:"过我门而不入我室,我不憾焉者,其惟乡原乎?"(《孟子·尽心下》引)孔子对无原则的"乡原"如此深恶痛绝,后之人反而将孔子的"中庸"与"折中主义"划等号,岂不冤哉!

第六章 天人相与
——孔子的天命观

天命观是关于人与天地、人与自然关系的问题。天命观反映了人类认识水平的高低，它影响人类在改造自然和利用自然活动中所采取的方式和方法，影响人类认识自然和征服自然的深度和广度，它也决定人类文明进步的轨迹，规范人类文明的文化模式。孔子是中国的圣人，是儒学的先师，由于他的思想是儒学的主导思想，因此他的天命观也影响了中国文化的各个方面，成为人们认识中国历史、评价中国历史的重要参考。长期以来，由于中国古文表达的模糊性和多义性，学人们对孔子关于天命论述的理解多歧，见仁见智，褒讥贬绝，在所难免。我们希望通过对孔子天命言论的排比综合，客观地理出一个头绪，以帮助读者了解和评价孔子的天命思想，同时也为读者在进行哲学思考时提供一个有益的资料。

第一节 从"子罕言"说起

《论语·子罕》第一句话即说："子罕言利，与命与仁。"说孔子很少说"命"和"仁""利"这类的话题。孔门"十哲"之一的子贡也说："夫子之文章可得而闻也，夫子之言性与天道不可得而闻也。"(《论语·公冶长》)说没听过孔子谈"性"与"天道"问题。孔子似乎丝毫不关心天道(或天命)这一有关自然和社会规律以及人类本性的问题，只注重具体的礼乐规范、繁文缛节等细枝末节的问题。黑格尔也说："孔子只是一个实际的世间智者,在他那里思辨的哲学是一点也没有的——只有一些善良的、老练的、道德的教训。从这里,我们不能获得什么特殊的东西。"(《哲学史讲演录》第一卷第 119 页)诚然,孔子是一位世间智者,由于拯救乱世的需要,其注意力多集中在人伦和政治方面,对宇宙的本体、自然的规律以及逻辑的思辨言之甚少,更无具体的论证,以至于从保留下来的孔子的所有言行中,很难找到有关这些方面的完整答案。但是,作为一位世间智者,孔子以天纵的智慧、好学不倦的精神、深思熟虑的态度,在从事广泛的学习、积极的探索和广泛的实践之后,对具体知识背后的普遍性,对天、地、人的规律性(即道),有所体验,有所认识。

事实上,孔子本人把学习分成两大阶段,即"下学"和"上达"。"上""下"即《周易·系辞》所谓"形而上者谓之道,形而下者谓之器"的"道"和"器"。道与器的关系,即普遍规律和具体事物的关系。"下学"即学习以物事为主体的具体知识,这是"博学";"上达"即闻道,是参知以天道为主体的普遍规律。孔子自云"下学而上达"(《论语·宪问》),"五十而知天命"(《论语·为政》);并且十分推崇"上达"(即闻道),认为"朝闻道,夕死可矣"(《论语·里仁》);进而以"上达"与否,作为君子、小人的分水岭。他一则曰:"君子上达,小人下达。"(《论语·宪问》)一则曰:"不知命无以为君子。"(《论语·尧曰》)一则曰:"君子有三畏:畏天命,畏大人,畏圣人之言。小人不知天命而不畏也,狎大人,侮圣人之言。"(《论语·季氏》)可见,他对"知天命""闻道"再三致意,倾注了极大热情,甚至不惜以生命殉之! 这自然不能说孔子不重视对规律的探索和闻知。

至于《论语·子罕》所谓"罕言"、《论语·尧曰》所谓"不闻",当从孔子因材施教法上加以解释。孔子认为"唯上智与下愚不移"(《论语·阳货》),故"中人以上可以语上(道、天命)也,中人以下不可以语上也"(《论语·雍也》)。孔门弟子三千,智愚不齐,其中不得与闻与命与天道(即"上")者,当然就不乏其人。事实上,从今天保留下来的孔子言论中,不仅言仁、言性,亦言利,而且谈天称命,论道说理,也屡见不鲜。

第二节　孔子的天道自然观
——天何言哉,四时行焉

墨子曾批评儒家说:"儒以天为不明,以鬼为不灵,天鬼不说。"与墨家的天道鬼神说不同的是,儒家的天道观更具有物质性。"天道",在孔子的语言词典中,又称"天""道"或"天命""命"。"天""道"同义,是"天道"的简称或异名。"天命"是"天道"的分殊,《大戴礼记·本命》说:"分于道谓之命,形于一谓之性。"《礼记·中庸》说:"天命之谓性,率性之谓道。"即是说:"命"或"天命"是道(或天道)分化出来作用于人的内容;"性"则是受天道统率支配而形成的人类个性。天命即是天道的人文化,人文化的天道即谓之"天命"(或命)。在今传《论语》中,孔子虽然很少或根本没有对天道、天命是什么加以解释,更无准确的界定,但透过孔子使用这些概念的具体场景,我们不难归纳出它们的基本特色和基本内容。孔子使用"天命"(或命)、"天道"(或天、道),主要有以下场景:

一是处于逆境,自坚自慰。那是孔子为鲁大司寇摄相之时,他推荐子路做季孙氏的家宰,隳三都,尊公室,事业蒸蒸日上大有希望。公伯寮却向季孙氏告子路的状,挑拨季氏与孔子师徒之间的关系。这事关孔子新政前景,能不能得到季氏的支持,事业是否能顺利进行下去的问题,因此,当子服景伯将这一不幸消息告知孔子时,孔子顺口说:"道之将行也与? 命也。道之将废也与? 命也。公伯寮其如命何!"(《论语·宪问》)一切都是命中注定,公伯寮能把我怎么样呢?

孔子流亡途中,险象环生。自卫适陈,途经于匡,被匡人当成阳虎围了起来,五天五夜不得脱身,生死难卜。孔子曰:"文王既没,文不在兹乎? 天之将丧斯文也,后死者不得与于斯文也;天之未丧斯文也,匡人其如予何?"(《论语·子罕》)上天已将复兴斯文的使命赋予我了,匡人是奈何不得的。

继而到宋,习礼于大树之下,跋扈的宋国权臣桓魋率众赶来把大树拔倒,并扬言将加害孔子。弟子劝其速行,孔子曰:"天生德于予,桓魋其如予何!"(《论语·述而》)上天生就我美德,桓魋是无法干扰的。

二是被人误解,指天以发誓。孔子寄居卫国,不得已谒见风流的南子,子路不悦,孔子发誓说:"予所否者,天厌之! 天厌之!"(《论语·雍也》)相同的观念另有二事:卫臣王孙贾问孔子:"与其媚(取悦)于奥(室内西南角之神),宁媚于灶,何谓也?"孔子曰:"获罪于天,无所祷也!"(《论语·八佾》)孔子病,子路使门人为臣,孔子曰:"无臣而为有臣,吾谁欺? 欺天乎?"(《论语·子罕》)老天正直无私,明白无欺。

三是困惑之时,责问于天。在现实生活中,许多不合逻辑的事情令人不能理解,孔子遂浩然长叹,责问于天。他喜爱的弟子冉耕(伯牛)患有恶疾,孔子探望,"自牖执其手,曰:'亡之,命矣夫? 斯人也而有斯疾也! 斯人也而有斯疾也!'"(《论语·雍也》)孔子曾说过"仁者寿",可"三月不违仁"的高足颜回却英年早逝(40 岁),孔子号啕痛哭,连呼:"噫,天丧予! 天丧予!"(《论语·先进》)颜回一生追随孔子,兢兢习道,却终身穷困,四壁萧然;子贡常常中途辍学,弃文经商,不从正道而家累千金。"德润身,富润屋","周有大赉,善人是富",这些古训一点也不能兑现,孔子惑之,曰:"回也其庶(近道)乎! 屡空。赐(子贡)不受命,而货殖焉,亿则屡中。"(《论语·先进》)

四是用天为则,以天为法。孔子认为天行有度,人可以效法天行,上古帝尧就是法天的典型:"大哉尧之为君也! 巍巍乎! 唯天为大,唯尧则之。"(《论语·泰伯》)并转述尧命舜的话说:"咨尔舜! 天之历数在尔躬,允执厥中。四海困穷,天禄永终。"(《论语·尧曰》)法则天行,不限帝王,有心者为之,人皆可以为尧舜。孔子曾对子贡说:"予欲无言。"子贡曰:"子如不言,则小子何述焉。"孔子曰:"天何言哉? 四时行焉,百物生焉。天何言哉!"(《论语·阳货》)并且认为,一个人一旦认识了天道,明乎利钝穷通,他就成了一个无怨无尤、不忧不惧的自由自在的人了:"不怨天,不尤人,下学而上达,知我者其天乎?"(《论语·宪问》)人若知天,天亦知人,天人交往,人天合德。这大概是孔子知道的最高境界,即《礼记·中庸》所谓"赞天地之化育","与天地参"。

第三节　不知命无以为君子

由上面的罗列可知,第一种情况是将天道(或天命)当作力量的源泉和成功的后盾,认为天道(或天命)不可抗拒,具有所向披靡的威力,是最终的、必然的决定力量。第二种情况是将天道(或天命)视为正义、善良的化身,具有标准的、权威的、最后的仲裁力。第三种情况是在天道(或天命)之必然性或可能性得不到实现,甚至向相反方面发展时,对天道(或天命)提出了一种质问和慨叹。第四种情况是对天道(或天命)的物质性、规律性(或天所具有的自然特征和必然趋势)的认识,即孟子所谓:"莫之为而为者天也,莫之致而至者命也。"(《孟子·万章上》)这是孔子最基本的、最本质的天道(或天命)观念。

《礼记·哀公问》载,"公曰:'敢问君子何贵乎天道也?'孔子对曰:'贵其不已,如日月东西相从(续)而不已也,是天道也。不闭(塞)其久(恒久),是天道也。无为而物成,是天道也。已成而明(明照万物),是天道也'"。指出天道有规律性(日月东西相从)、永恒性、必然性(不闭其久)、自然性(无为而物成)等特征,与孟子的解释完全相同。虽然这段话不一定是孔子所说,但与孔、孟天道自然的思想并不相违。将天道视为自然规律，具有客观性、必然性，是儒家思想的主要特色。前三种情况的种种议论、感慨和质问，都是以第四种认识为基调和出发点的，若将这一观念套入前三种情况的每一次论述中，都若合符节，无不贯通。

于此，我们可以大概勾勒出孔子天命观的思想轨迹：孔子通过博学、体验、深思和归纳，认识了天道所具有的物质性（"天何言哉"）、规律性（"四时行焉"）和必然性（"百物生焉"），并体会到天道对人这个天之骄子具有决定和强制的作用，这就是"分于道"的天命。伴随孔子对天命的感知，他敏锐地认识到作为天地造化精灵的人，具有体会天道，效法天道，并且赞成天道（"赞天地之化育"）的责任，这就是法天制行、替天行道的使命。他认为，一个君子就是要善于体会天道，认识天命，用天道来完善自己，并行道以完成使命。这就是他"畏天命""不知命无以为君子"诸说的命意所在。

孔子本人在"五十而知天命"后，出于对使命的敏锐感受，再也不安于"隐居以求其志，行义以达其道"的淡泊生涯，积极入世，汲汲救世，甚至不嫌叛臣公山不狃之召，不弃中都宰之微，勤勤恳恳，兢兢求治，终于位至大司寇兼摄相，干出了一番非同寻常的事业。在鲁国失意后，他不惜抛家弃口，背井离乡，辗转数千里，历时十四年，历干七十余君而无所遇……所有这些，无非是受天命的驱使，欲求立足用武之地，以便替天行道，以"行其义"而已。

出于对天道（或天命）的客观必然趋势的认识和体验，孔子对自己确定的使命——即通过"克己复礼"，实现有人性（仁）、有秩序（义）的和谐社会——的正确性和可行性，也坚信不疑！在他看来，既然使命是天命之所赋，天命又是分之于道而作用于人的（"分于道之谓命"）必然力量，那么，他的使命也就具有客观必然性和现实可行性。因此，无论他在乱中求治的过程中遇到多么大的阻力，多么大的打击，多么严峻的危险，他都坚信自己这位替天行道的使者，一定会逢凶化吉，转危为安；自己的使命也一定会实现（或在他的现世，或寄诸子弟和来人）。在周游列国时，尽管屡屡畏于匡，逼于宋，困于陈蔡，他都信念坚定，毫不动摇，虽粒不入口，羹不沾唇，面有饥色，仍讲学论道不已，弦歌之音不绝！他以闻道为极致，以行道为归宿，以追求道的实现为乐趣，"发愤忘食，乐以忘忧，不知老之将至云尔！"表现出崇高的以身殉道、舍生取义的自我献身精神。

出于对天道（或天命）这个自然规律必然趋势的认识，孔子认为天道是公正无私的，是一切真善美的力量源泉，从而把天道作为人间善恶的尺度和是非曲直的最后裁决。建立在天道公正无私观念基础上的另一个结果是：他自己的主张体现了天命的使命也是正确无误的，尽管他的主张一次又一次碰壁，但他认为上天要我去替天行道、乱中求治，这是天命的安排。于是，又进入一个"不怨天，不尤人"，"乐天知命故不忧"的境界。

可是，当时的现实违反他想象和主张的事太多了，不合乎他所认识的天命的东西太多了，于是，他不能不对这种局面有所困惑，不能不对天命可行而未行发几多感慨和一番浩叹！

这就是孔子从认识天道这个自然规律所具有的物质性和必然性始，进而体会天命和使命，并坚信其使命的正确性、必然性和可行性，到身体力行，汲汲以求，希望将这种可能性转化为现实，最终却在理想与现实的严重冲突下，以"莫我知也"而告终的思想轨迹和行动逻辑。

第四节　继承与发展——孔子思想特殊的东西

孔子的天道观(或天命观),具有两大显著特征,即历史继承性和历史创造性的统一,天道客观性与人类能动性的统一。前一个特点促成了中国思想界从神学阶段向理智思考阶段的转化,孔子思想正好具有划时代的意义,成了中国思想史的一座巍峨丰碑。后一个特点促成了天人的合亲,是中国天人合一思想之滥觞,成为影响中国文化至深的主要观念。

根据当代哲学界比较公认的看法,人类思想的发展经历了三个阶段,即神学阶段、形而上学阶段和实证阶段。神学阶段本身又包括三个时期:拜物教的或万物有灵论的时期,多神论时期和一神论时期。拜物教相信物质对象都具有感觉和意志,这是尚未从自然界区分出来的原始人(或野蛮人)将自己的形象幻化和移赠给物质对象的共同特征。多神论相信有众多的神灵统辖着各个不同的领域,分别干预着不同的事情,并影响人的生活。流传至今的山神、河伯、风神、雷公、雨师之类,以及有关三皇五帝时期的种种造物的神圣,当是这多神论观点的孑遗。一神论认为在众神中有一个绝对权威的上帝(或天神)统治着人们活动和理念所达的一切领域。殷人的帝(上帝),周人的天(或皇天上帝)即是这一观念的集中反映。形而上学的阶段,人们不再将世界理解为神圣(或人格的上帝)的创造,也不受它的统治。取而代之的是对产生万物的第一本原的假定,认为万事万物(包括天地)都是这个第一本原的产物。在中国,老子的"先天地生"的"道"即是这一阶段的宠儿。实证的阶段,即是用科学的方法论证现实,并揭示改造现实的支点,用孔德的话说:这是达到完美的阶段,它要除破形而上学的解释,更重要的是,显示了人类要达到绝对的和必然的真理的雄心!这就是以现代科学为主要代表的认识阶段。如果说在神学阶段思维是宗教狂热的,形而上学阶段是思辨的,这一时期的思维则是理智的或理性的。

在中国,虽然完全意义上的科学阶段的到来是十九世纪的事情,但作为对天道自然规律的朦胧认识和运用理智(或理性)的思维,却早在春秋社会就产生了。与孔子同时偏早的子产即提出"天道远,人道迩,不相及也"(《左传》昭公十八年)。这表明人类已自觉地从自然界中分离出来,有了独立自觉的自我意识;并且还表明,人类已认识到自然(天)以及人类社会的运行和发展是有规律(道)可循的。正是孔子及时将人类的这一自觉意识转化为理智的思维,才避开了老子"道"这个形而上学观念的泛滥,使中国提前进入理智思维时期,一定程度上避免了形而上学观念的统治之苦,这不能不说是孔子对中国文化的伟大贡献!

孔子是怎样实现这一历史的继承与创造之统一的呢?

继承历史上旧有的名词和表达形式,并对旧名词的内涵加以改造。作为哲学概念的"天命""天""命",在孔子以前,都表现为人格神和上天,是超人的意志、力量和权威的综合体。《尚书·召诰》说:"惟不敬厥(其)德,乃坠其命。""皇天上帝,改厥元子兹大国殷之命。"《泰誓上》:"民之所欲,天必从之。"康王时的《大盂鼎》亦曰:"不(丕)显文王,受天有大令(命)。"《诗经·大雅·文王》:"天命靡常。"无不如此。孔子继承和沿用了这些名词(或符号),也沿用了这些表达方式(如"天生德于予""天厌之""天丧予"等),却对这些概念灌注了新的内容,那就是用天道来充实和统率天命("分于道之谓命"),天命是分之于天道而作用于人的内容,天命成了自然性(天)和必然性(命)的代名词,《孟子·万章上》所谓"莫之为而为者天也,莫之致而至者命也"即是孔子这一思想的确诂。旧瓶装新酒,旧形式盛新内容,这是《周易》所谓"神武而不杀"智慧的杰出妙用。匡亚明先生说:"(孔子)以旧观念(应作旧名词——引者)肯定和安慰人们的宗教情感,用新观念论证和指导人的现实行动,力求两者的并存与协调。"(《孔子评传》第211页)可谓知人之谈!

伴随着历史继承性与创造性的实现,孔子天道观又实现了天道客观性与人类能动性的统一。孔子借用先前天命决定人事的表述形式,赋予天道(或天命)自然性、客观性和必然性的内容,认为天道的客观规律性通过"天命"的形式影响和决定人的活动;认为这种客观性和必然性具有不可欺、不可犯、不可违背,更不可逆转的性质和威力。从而克服了子产"天道远,人道迩,不相及也"将天道与人道绝对分开以导致违背自然规律的倾向。孔子将天道和人联姻,使天道与人道结合,实现了人与天的合作与和谐。

但是,在天面前,人又不是天的奴仆,而是具有认识天道、效法天道、利用天道,促成人事以赞成天道的主观能动性。在强调天道客观性的同时,孔子又高扬起人的能动作用的旗帜,认为:"人能弘道,非道弘人。"(《论语·卫灵公》)"唯天为大,唯尧则之。"(《论语·泰伯》)并自誓要法天之"无言"(自然性),循其规律以生成万类,成就事业。在具有绝对权威的天命面前,孔子从来不是宿命论者,不坐享其成,或坐以待毙。他积极进取,奋斗不息,竭尽人事,乐以忘忧。

相传,鲁哀公问孔子"多智慧的人长寿吗?"孔子曰:"然。人有三死而非命也者,自取之也。居处不理,饮食不节,劳过者,病共杀之;居下而好干(犯)上,嗜恣无厌,求索不止者,刑共杀之;少以(而)敌众,弱以侮强,忿不量力者,兵共杀之。故有三死而非命者,自取之也。"(《韩诗外传》一,亦见《说苑·杂言》)。富贵寿夭,传统的观念皆以为有一定的天分,孔子却对寿夭问题,做出了新的解释,认为人不正当的行为(即过劳、多欲、不自量力地逞强)是减寿的三种死因,乃自取灭亡,完全与命运无关。反之,如果劳逸有度、少嗜寡欲和谦和处世,那就可以获得永年了。固然有命的存在,但善于认识而把握之,尽人事,顺天道,那么,必然福禄寿禧,自天而降,这样既实现了人与天的统一,也充分肯定了人的主观能动性。实得天人相与之三昧！

孔子不仅重视天道，而且懂得天道是什么，即自然性、规律性和必然性。由于当时以强凌弱，以众暴寡，上篡下替，伦理荡然，礼坏乐崩，秩序大乱的社会实际，人们要求知道的不是为什么，而是怎么办？也由于他本人所受社会文化熏染的缘故，孔子没有对天道是什么、规律是什么做出深入解读，因而在了解自然、研究自然方面留下许多空白，并对后来的中国社会和中国思想界产生了一些消极影响。这当然是他的不足，也是中国文化史的一大遗憾。但是，孔子幽然地感知了天地自然有一种必然性、规律性（即天道），敏锐地察知天人之间有某种联系，即天道以天命的形式作用于人，朦胧意识到人类社会也有某种必然性、规律性（即人道），并认为人可以认识天道，效法天道，利用天道，并赞助促成天道。天与人是一个系统，天人相互作用。人的价值就在于及时而准确地察知天道、天命（"不知命无以为君子"），将天命化为使命，替天行道，以身殉道。

人是天地造化的宠儿，又是天地造化的赞成者；人是"分于道"的"天命"的化身，又是"弘道"的精灵！如果说，在孔子的天道观中，天道是权威的、绝对的，也是正义的、善美的力量的话，那么，人就是驾驭这些权威，实现这些正义和真善美的活泼的精灵，既不失天道客观性，又不失人类灵活的能动性。这与其说是对上天造物之赞美，不如说是对人类精灵的颂歌！这就是孔子天道观（天命观）的优秀价值，也是孔子贡献给人类的"特殊的东西"！

第七章　为政以德

——孔子的君德论

美籍学者陈荣捷说:"孔子最关心的是一个以良好的政府与和谐的人伦关系为基础的良好的社会。为了这个目的,孔子主张一个良好的政府应该是用德行和道德榜样来治理,而不是用刑罚和暴力。"这段话深得孔子政治思想之精髓,是对孔子德治、仁教政治思想的准确表述。本书准备从德治和仁政两个方面来叙述,这里先谈德治,即政治修养。

孔子曰:

为政以德,譬如北辰,居其所而众星共(拱)之。(《论语·为政》)

意即:用良好的德行来从事政治,就像天上的北斗星,静静地处于它的位置上,列辰众星无不拱卫着它。这是孔子关于德治的形象说明。孔子认为一个合格的统治者,必须是政治修养(即德)十分高尚的君子,君子居位天下人就心悦诚服,国家就不难大治。否则,如果是小人居大位,天下就不服,甚至会酿成大祸。《周易·系辞上》记载孔子曰:"作《易》者,其知盗乎!《易》曰:'负且乘,致寇至。'负也者,小人之事也。乘也者,君子之器也。小人而乘君子之器,盗思夺之矣。上慢下暴,盗思伐之矣。慢藏诲盗,冶容诲淫。《易》曰:'负且乘,致寇至。'盗之招也。""负且乘,致寇至"是《易经·解卦》六三爻辞,意即:背着沉重的包袱(小人之事)坐在华丽的大车(君子之乘)上,太不协调,强盗见了,知道财物非其所有,必然起而夺之。孔子从这个故事引发出深刻的政治学说:如果一个品德卑污的小人占据了君子的位置,连强盗心里也不舒服,必然起来推翻他。如果小人在上,胡作非为,那么,强盗也会起来讨伐它。德不称位,名不符实,得到越多,失败越惨,爬得越高,跌得越重,就像多聚财物招来盗贼,妖冶的化装招致淫侮一样。可见德是何等重要!

孔子常常教育弟子:"不患人之不己知,患不知人也。"(《论语·学而》)"不患无位,患所以立。"(《论语·里仁》)就是强调人们要加强个性修养,做到德称其位,名副其实。那么,德是什么呢?孔子的君德思想又是怎样的呢?

第一节　德的释义

德,古书中常以"得"训之。得有双重含义,一是获取,一是赢得。获得,指事物从道所得的特殊规律或特性。《管子·心术上》曰:"德者,道之舍,物得以生……故德者得也。得也者,其谓所得以然也。"天地规律曰道,道具有最高的、最后的支配力量和决定权力。德是具体事物禀赋于道而形成的特殊性。

《礼记·中庸》说:"天命之谓性,率性之谓道。"《大戴礼记·本命》说:"分于道谓之命,成于一谓之性。"所言性、命与道的关系,和德与道的关系相似。道、德、性、命是相联系又相区别的概念。道,导也。德,得也。性,生也。命,令也。道本义是路,路的功能是引导人们通向目的地。因此,作为普遍规律的道亦具有最高决定和最高主宰的内容。德,是道在具体事物中的体现("德者道之舍"),是具体事物禀受于道的特殊规定或特性。性,是道所促成的形成事物的个性。命,是分受于道的必然性或使命。德、性、命三者,同是道的产儿,是同一层次的东西从不同角度的命名。性,强调的是个性,道体现在不同事物中,都有不同的个性,是这些个性的差异,形成了形形色色的事物。命,强调必然性,道赋予不同事物以不同的必然性,从而使事物经历着不同的发展轨迹。德,强调功能性,道的普遍规律和客观必然性,正是通过大大小小的特殊规律和特殊功能体现出来的。德与道的关系是普遍与特殊、整体与个体的关系,也是体与用的关系。道是体,是元君;德是用,是臣仆。如果说道是万物生成的原动力的话,那么德就是这种生成的催化剂,它的功能得之于道,又助成道实现生成的伟业。因此,《老子》曰:"道生之,德畜之……万物莫不遵道而贵德。"(五十一章)《庄子·天地》亦曰:"物得以生谓之德。""形非道不生,生非德不明。"《管子·心术上》亦曰:"虚无无形谓之道,化育万物谓之德。"《韩非子·解老》更明确地说:"道有积(势能)而德有功,德者道之功。"德实际成了替天行道的使者,成了万事万物的司命,成了天地的助产士。

德既然是道之用,是道生成之功的助成者,那么,它必然赢得一定的报答,这就赋予了德(得)"赢得"之义。赢得,是就德的生成之功所达到的效果而言的。《说文解字》训"德":"外得于人,内得于己。"《释名》曰:"德,得也,得事宜也。"《鹖冠子·环流》曰:"所谓德者,能得人者也。"皆是此义。一个人的行为举止合乎事宜,内无愧于心,外无愧于人,人民必然拥护他,他就会赢得人民的爱戴和崇敬,这就叫有德。

可见,德是得之于道的一种功能,是助成道的必然性和规律性得以实现的忠诚的天使。顺承天道,遵奉天命,言行得宜,事事得体,万物化生,天下服顺,这就是有德。上得功能于道,下得拥护于民,这就是"德者得也"的确诂。

德为道之舍,道寓于万物万事,天地人民,莫不禀赋着大大小小、形形色色的德。天地有天地之德,如《周易·系辞上》曰:"天地之大德曰生。"具体事物亦有具体事物之德,如《周易·系辞上》又曰:"卦之德圆而神,筮之德方以智。"可见,卦象、筮法皆有自己的德。人类当然也有特殊性,有自己的德,君有君德,民有民德,夫有夫德,妇有妇德……怎样的德才是适应人类社会进步发展的理想之德呢? 先秦时期的思想家,对人类的德提出了许许多多、形形色色的界定。

《左传》文公元年曰:"忠,德之正也;信,德之固也;卑让,德之基也。"文公十八年传又分德为吉、凶两类,以"孝、敬、忠、信"为吉德,"盗、贼、藏、奸"为凶德。《周礼·大司徒》则举"知(智)、仁、圣、义、忠、和"为"六德"。可见,就像道分为"常道"和"非常道"一样,德也有普遍的德和具体的德。

道家以自然无为为至德:"帝王之德,以天地为宗,以道德为主,以无为为常。"(《庄子·天道》)《韩非子·二柄》又以"庆赏之谓德"。《管子·正世》以"爱民无私曰德"。众说纷纭,莫衷一是。但其正面特征是指一种善良的品质,崇高的修养。

第二节　政者,正也

孔子论君德,首先要求为身正、心正,榜样训世:"季康子问政于孔子,孔子对曰:'政者,正也。子帅以正,孰敢不正?'"(《论语·颜渊》)又曰:"其身正,不令而行;其身不正,虽令不从。"(《论语·子路》)又曰:"苟正其身矣,于从政乎何有? 不能正其身,如正人何?"(《论语·子路》)

季康子是鲁国的执政大臣,向孔子请教政事问题,孔子回答:"政治的根本是正直。您以正直为天下表率,天下之人有谁不正直呢?"天下、国家好比一所大学校,各级官员就是它的老师,老师必须身体力行,做出表率。表率正则民正,表率斜则民为奸。《大戴礼记·主言》云:"上者,民之表也,表正则何物不正?"《荀子·君道》亦云:"君者仪也,民者影也,仪正而影正。"正是这一意思。

在儒家看来,统治者统治天下,最要紧的是他自己的为人怎么样。

他自己的所作所为,就是最好的身教。身教胜于言教。如果统治者"其身正",纵然不发号施令,人民也自然受感化,政治自然得到推行。如果"其身不正",纵然声嘶力竭地宣传鼓吹,也收不到良好的效果。

君与民的关系,又像盂(或盘)和水的关系一样,是方是圆完全由管束者自身的形制来决定。孔子曰:"君者,盂也;民者,水也。盂方则水方,盂圆则水圆。上何好而民不从?"(《尸子·处道》)此文见于《群书治要》所引,不一定是孔子原话。不过,《韩子·外储说左上》亦有相同记载,"孔子曰:'为人君者犹盂也,民犹水也。盂方水方,盂圜(圆)水圆'"。《荀子·君道》篇亦云:"君者盘也,民者水也,盘圆而水圆。"可见,用盂与水关系比喻君民关系,是先秦时期流传很广的格言,为儒家所乐道。人民的德行全由统治者来塑造,国君方正,人民就方正;国君圆滑,人民也圆滑。

统治者是人民的表率。《礼记·缁衣》云:"下之事上也,不从其所令,从其所行。上好是物,下必有甚者矣。故上之所好恶,不可不慎也,是民之表也。"又云:"民以君为心,君以民为体。心庄则体舒,心肃则容敬。心好之,身必安之;君好之,民必欲之。心以体全,亦以体伤;君以民存,亦以民亡。"君为心,民为体;心有所想,体有所随;君有所欲,民有所趋。上行下效,心欲体随。君主是最高、最权威的表率,人民都眼睁睁看着你,亦步亦趋地效法你。君主喜欢什么,人民必然会去追求什么,甚至常常有过之而无不及。楚灵王好细腰,结果全国人减肥,连大臣也一天只吃一顿饭。齐桓公好穿紫衣,结果全齐国都争相赶时髦,以致紫布价格暴涨……君之所欲,亦民之所欲;君之所喜,亦民之所喜。如果所喜对社会有利,自然是件好事;如果所喜于社会不利,那就遗患无穷。故《荀子·君道》云:"君者,民之原(源),原清则流清,原浊则流浊。"如果国君和人民共同组成一条大河的话,那么国君就是源,人民就是流。河源清,河流就清;河源浊,河流就浊。多么形象生动的比喻啊!

古诗有云："昔吾有先正(先贤)，其言明且清，国家以宁，都邑以成，庶民以生。谁能秉国成？不自为正，卒劳百姓！"大意是：从前我们有位出色的贤君，他的言论英明又纯净；国家因之安定，城市因之繁荣，人民因之乐生。而今谁能够把国家掌管昌盛呢？不能首先自正其身，到头来遭殃的还是百姓。《诗经》说："赫赫师尹，民俱尔瞻！"居大位的帝王公卿大夫呀，能不自修自励以求治安吗！

"君子之德风，小人之德草，草上之风必偃。"统治者的德行可以风化天下，表帅万民，因此在上位的"君子"切不可忽略修养自己的德行。

第三节　君德种种

孔子认为，希望有所作为的统治者，必须在个人品德方面有高尚的修养，成为仁者(或君子)，具备高尚的政治道德和优雅的行为举止，并且将这些修养和美德贯彻到自己为政的实践中去。大致说来，这些品德有：仁、义、礼、智、信、庄、敬、惠、敏、宽、恭、让、孝、恒、寡欲、去私、无为、乐施、亲贤、居安思危、身先士卒和远见卓识。几乎与仁者的修养和君子的人格相当，其中最重要的是"仁、义、礼、智、信"五者，后儒归纳为"五常"。

仁：仁者爱人。故孔子曰："古之为政，爱人为大。"(《礼记·经解》)倘若统治者不以爱人为本，横征暴敛，鱼肉百姓，纵然窃居大位，也必然会被推翻：

　　子曰："知(智)及之(位)，仁不能守之，虽得之，必失之。"(《论语·卫灵公》)

孔子说：智力可以夺得大位，但是仁德不足以为守，纵然得到了，也必然会失去。秦皇挥师扫六合，六雄尽灭，天下一统，这是何等的威风、何等的气概呀！可为什么仅仅传了二世十一年，天下便分崩离析，江山就易主了呢？究其原因，就是秦始皇残暴不仁，不爱惜民力，民不聊生之故。隋炀帝智虑过人，勇略双绝，但也只在位十二年，便天下兵起，被弑江都。究其原因，也是其为政不仁，荼毒天下。因此，孔子说没有仁德就不能保有天下。故孔子总结说："爱与敬，其政之本与？"（《礼记·经解》）爱民与敬人，即是为政的根本。本立而干生，本固而枝繁，一旦"上好仁，则下之为仁争先人"（《礼记·缁衣》）。在君主仁德的表率之下，天下之人就会争着为仁，唯恐落后。"是故君先立于仁，则大夫忠而士信、民敦、工璞（质朴）、商悫、女憧（安分）、妇空空（诚恳）。"（《大戴礼记·主言》）一旦君主以仁为政治的首要任务，就会大臣尽忠，士人守信，民风敦厚，百工质朴，少女安分，妇人贞节……从社会生活，到政治生活，从伦理生活，到风俗习惯，无不受其感化，言归于治。

义：义者宜也，即适度、合理。其标准即是等级名分。社会各阶层、各阶级说分内的话，行分内的事，彼此配合，互相协调，这就是义。义是等级名分所定，又是礼乐制度的依据，故《左传》桓公二年云："名以制义，义以出礼，礼以体政，政以正民。是以政成而民听。"义是礼的依据，是政的支柱，因而君主非义不能治国。故晋国的贤大夫叔向主张"闲（防范）之以义"（《左传》昭公六年），郑国执政子产乃"使民也义"（《论语·公冶长》）。孔子也主张君主要"务民之义"（《论语·雍也》），认为："上好义，则民莫敢不服！"（《论语·子路》）后世儒家进而将义视为帝王治理天下的法宝。《礼记·经解》曰："发号出令而民说（悦）谓之和，上下相亲谓之仁，民不求其所欲而得之谓之信，除去天地之害谓之义。义与信，和与仁，霸王之器也，有治民之意而无其器则不成！"君主发布人民满意的政令就是"和"，爱民民亦爱之就是"仁"，让人民得到希望的东西就是"信"，清除天下之害就是"义"，和、信、仁、义就是君主称霸天下的法宝，光有治理天下的愿望而无治理天下的法宝就万事无成。墨子认为"兴天下之利，除天下之害"就是义。在四种法宝中，义居末，并不意味着义不重要，而是表示义（即清除天之害）是四宝中最根本的保障。

礼：如前所云，礼是仁、义的外在形式，礼作为一种行为规范正是对仁、义精神的贯彻。古人认为："礼，经国家，定社稷，序民人，利后嗣者也。"（《左传》隐公十一年）揭示了礼的政治功能，即国家的根本大法、政权的根本保证；礼的社会功能，是使人民有秩序，使继承权能够平稳过渡。儒家认为，礼对于政治，好比衡器、绳墨和规矩，是衡量一切的准则。有了它就能分清是非曲直："礼之于正国也，犹衡（秤）之于轻重也，绳墨之于曲直也，规矩之于方圜（圆）也。故衡诚县（悬）不可欺以轻重，绳墨诚陈不可欺以曲直，规矩诚设不可欺以方圆。君子审礼，不可诬以奸诈。是故隆礼由礼谓之有方之士，不隆礼不由礼谓之无方之民，敬让之道也。故以奉宗庙则敬，以入朝廷则贵贱有位，以处室家则父子亲、兄弟和；以处乡里则长幼有序。孔子曰：'安上治民，莫善于礼。'此之谓也。"（《礼记·经解》）礼是合理的规范、制度和仪式，小则有利于修身、齐家，大则有利于治国、平天下。它就像一根绳墨、一个规矩，事物的轻重、曲直、方圆，通过它一检验便原形毕露，是非清楚了。礼是区别文明和不文明、有序和无序、和谐和混乱的试金石、分水岭。能够隆兴礼教的统治者，知礼、守礼，就能使人民文明，社会有秩序，关系和谐。反之，人民就野蛮，社会就没有秩序，群体就不会和谐。汉高祖刘邦逐鹿中原，建立汉朝后，在庆功会上，那些出身引车卖酱、屠狗织履之业的布衣将相们，由于不知礼仪，在朝堂上饮酒作乐，拔剑击柱，君不君，臣不臣，一派乌烟瘴气！叔孙通为汉家制定朝仪，上朝时禁鞭三声响，文武两边立，君王高高在上，群臣三呼万岁。刘邦深有感触地说，这才尝到当皇帝的滋味。因此，孔子认为一个君主即使智可取天下，仁可守天下，如果没有庄敬和礼制，也算不得尽善尽美："知及之，仁不能守之，虽得之，必失之。知及之，仁能守之，不庄以莅（临）之，则民不敬。知及之，仁能守之，庄以莅之，动不以礼，未善也。"（《论语·卫灵公》）可以说是对刘邦君臣的准确预言。

如果统治者再将礼制推行天下，齐之庶人，天下就成了礼义之邦了，何患而不治呢？故家庭有礼则父子亲、兄弟和，乡党有礼则长幼有序。故孔子曰："上好礼，则民易使也。"（《论语·宪问》）礼将人民限定在固定的圈子内，使其成为驯服的顺民，当然就好使唤了。

那些不以礼教民，却以暴虐刑杀为威的君主，是孔子深恶痛绝的。鲁哀公曾对孔子说："吾欲小则守，大则攻，其道若何？"孔子曰："若朝廷有礼，上下有亲，民之众皆君之畜也。君将谁攻？若朝廷无礼，上下无亲，民众皆君之仇也，君将谁与攻？"（《说苑·指武》）鲁哀公问孔子他准备小则采用守势，大则采用攻势，这种施政方针如何？孔子回答说：如果朝廷有礼，政策得民心，上下亲爱，人民的财富也就是君主的财富，君主又何必去攻夺呢？如果朝廷无礼，政策不得人心，上下对立，人民都是您的敌人，您又和谁去攻夺呢？

智：智即智慧。《左传》襄公十四年曰："天生民而立之君，使司牧之，勿使失性。"君主的价值在于管理社会，调节秩序，让人民安居乐业，幸福地生活。王事鞅掌，日理万机，自然不是愚蠢之人可承担的。西晋有个有名的愚君——晋惠帝，智力不及三岁小孩，却被推上了帝位。听见青蛙鸣叫，他问大臣："其为公邪，为私邪？"当时天下饥荒，大臣报告说人民没有饭吃，他反问："何不食肉糜？"如此蠢材，自然难履君职，于是贾后专权，八王兴乱，好端端一个司马氏天下被他断送了，再次应验了《周易》"负且乘，致寇至"的告诫。难怪孔子要将"知（智）"排到仁、庄、礼之前，作为当君主的起码条件了。那么，一个智慧之君应具备哪些智能呢？

一是知识丰富。《释名》曰："智，知也，无所不知也。"正如柏拉图认为，只有哲学家成为统治者才能给社会带来希望一样，孔子为首的儒家也认为，知识全面的统治者登上宝座，才能给国家带来安定，给人民带来幸福。孔子曰："知（智）者不惑。"（《论语·子罕》）具有智慧才不会被复杂的政治事务搞昏头脑。《孟子·尽心上》曰："知（智）者无不知也。"只有用人类的知识来武装自己头脑的人才是聪明人,才能达到孔子所说的"不惑"境界。最高统治者不惑于事,天下就可以运诸掌了。

二是知道仁义,并慎守勿失。《孟子·离娄上》云:"仁之实事亲是也,义之实从兄是也,智之实知斯二者弗去是也。"孔孟思想以仁义为特色,君主要治理好国家,不懂得仁义这个治世哲学,自然算不得英明。

三是"知人",即知人善任。《论语·颜渊》樊迟问智,孔子曰:"知人。"樊迟莫名其妙,孔子又曰:"举直错诸枉,能使枉者直。"樊迟还是不懂,只好退下去,见子夏,就困惑地说:"乡(刚才)也吾见于夫子而问知(智),子曰:'举直错诸枉,能使枉者直。'何谓也?"子夏说:"富哉言乎!舜有天下,选于众,举皋陶,不仁者远矣。汤有天下,选于众,举伊尹,不仁者远矣。"孔子用"知人"回答樊迟问智,樊迟不解,子夏却极力称赞说孔子的回答蕴意深刻,并用舜举皋陶、汤举伊尹,正直者在位,邪曲者远遁的历史故事来作注脚,说明知人举贤为智的道理。

其实,"智者知人"并不难理解。个人的力量总是有限的,他不可能智周万类,力克千军。聪明人知道自己的不足,故选贤举能以辅佐自己,"故天子有公,诸侯有卿,卿置侧室,大夫有贰宗,士有朋友,庶人、工商、皂隶、牧圉皆有亲暱,以相辅佐也"(《左传》襄公十四年)。为了弥补自己力量的不足,自天子至平民都有帮衬之人,天子选择了公,诸侯选择了卿,卿有庶族,大夫有小宗,士人有朋友,庶民、工商乃至奴隶都有亲近之人,人不能没有帮助。

秦始皇讨平六国,不可谓不智勇;日审案卷百二十石,不可谓不勤勉。但他不信任大臣,顾问博士七十人,特备员而已,满朝文武,倚办于上。结果政出多失,国命短祚。项羽勇冠三军,气壮山河,但不能知人善任,韩信、陈平等智能之士皆弃之不用,智囊范增亦被他气得疽发于背而亡。结果众叛亲离,四面楚歌,自刎于乌江。死前,还叫着虞姬的名字,高歌"力拔山兮气盖世,时不利兮骓不逝。骓不逝兮可奈何!虞兮虞兮奈若何!"他自认为勇力盖世,理当为天下霸主,所以失败,乃时运不济。殊不知帐无谋士，阵无猛将，才是他失败的真正原因。刘邦则与之相反，论勇力，论谋略，都不是项羽的对手，但是他战胜了项羽，原因何在？他自己有一段精妙的道白："夫运筹策帷帐之中，决胜于千里之外，吾不如子房（张良）。镇国家，抚百姓，给馈饷，不绝粮道，吾不如萧何；连百万之军，战必胜，攻必取，吾不如韩信。此三者皆人杰也，吾能用之，此吾所以取天下也。项羽有一范增而不能用，此其所以为我擒也。"（《史记·高祖本纪》）刘邦确实有很多不足之处，他粗鲁无赖，贪酒好色……但他能驱使天下之英豪以为己用，这就是人生的大智慧、帝王的大智慧！就像猎手，走不及兽快，追不及鸟速，但他有鹰犬、有良弓，故猎物总是在其彀中。学会运用人为工具来补充自己之不足，这难道不是人类智慧的重大飞跃吗？难怪刘邦荣归故里之后，还要慷慨高歌："大风起兮云飞扬，威加海内兮回故乡！安得猛士兮守四方！""猛士"就是刘邦念念不忘的愿望。

　　善于知人善任的就是贤者、智者，否则，即使个人再有本事也不值得称道。《韩诗外传》（卷七）云，子贡问什么是"大臣"，子曰："齐有鲍叔，郑有子皮。"子贡曰："否。齐有管仲，郑有东里子产。"孔子曰："管仲，鲍叔荐也；子产，子皮荐也。"子贡曰："然则荐贤贤于贤。"曰："知贤，知（智）也。推贤，仁也。引贤，义也。有此三者，又何加焉？未闻管仲、子产有所进也。"（从孙星衍校。又据《说苑·臣术》补末一句）管仲、子产都是春秋时期的大贤人。管仲佐助齐桓公尊王攘夷，九合诸侯，一匡天下，曾被孔子许为"仁"者。子产为郑执政，孔子称他"其行己也恭，其事上也敬，其养民也惠，其使民也义"，具有君子之风。但是，我们要问，管仲、子产是怎样获得机会施展才华的呢？还不是由于鲍叔和子皮的推荐吗？我们又问，管仲、子产身后的齐国和郑国怎样了呢？在齐国，是小人易牙、开方、竖刀专权，举国大乱，连英明一世的齐桓公也被困饿死；郑国则盗聚于萑苻之泽，逼得郑国不得不大开杀戒。究其原因，都由于二子生前不注意选拔人才，不注意培养接班人，政策没有连续性,故身死国乱。可见,知贤与用贤,实在比本人的贤明还要紧迫得多。"荐贤贤于贤",真是千古良训呀!故《大戴礼记·主言》记载孔子曰:"所谓天下之至仁者,能合天下之至亲者也;所谓天下之至知者,能用天下之至贤者也;所谓天下之至明者,能选天下之至良者也。……是故仁者莫大于爱人,知(智)者莫大于知贤,政者莫大于用贤。有土之君修此三者,则四海之内拱而视。"这段话未必就出自孔子之口,但以知贤为智,以选良为明的观点,却与孔子的思想毫无二致,可视为后世儒家对孔子思想的发挥。

信:人言为信,信即说话算数,引申为信誉。如前所说,孔子将信作为仁者的品德之一,自然,信也该是统治者的政治道德之一。与孔子同时的大贤叔向曾向子产交换从政经验说:"闲之以义,纠之以政,行之以礼,守之以信,奉之以仁。"(《左传》昭公六年)意为:用义来防范人民,用行政手段来整顿人民,用礼来指导人民,用信来留住人民,用仁来爱人民。信是保证人民永远积集于自己身边,以免他们逃散、背叛的有效方法。孔子也说:"故君民者,子(像待儿子般)以爱之,则民亲之;信以结之,则民不倍(背)也。"(《礼记·经解》)试想,如果一个人言而无信,天天骗人,自食其言,谁还愿意和他打交道呢?一个君王,如果言而无信,朝令夕改,政策不落实,许诺不兑现,谁还愿意做他的奴仆,听他领导呢?从前,齐襄公曾经派兵守葵丘,去时正值春天种瓜时节,襄公与之约曰:"及瓜而代。"可是,到了夏秋之际,瓜结满架,齐襄公连个慰问的信也没有,守将请求换防,公又弗许,于是守将谋变,结果发生政变,襄公身首异处!西汉末,窃国大盗王莽在篡汉之前,曾向人们许下很多好处,但实际上是借改制之名,变着法子搜刮民财,当初许下的诺言一个也没有兑现。结果绿林赤眉起义席卷天下,长安城内反者如云,王莽被侍卫官杀死。齐襄公、王莽都是始于骗人,终以陨身,咎由自取。故孔子念念以信誉为事,当子张问怎样行动时,他教诲说:"言忠信,行笃敬,虽蛮貊之邦,行矣。言不忠信,行不笃敬,虽州里行乎哉!"(《论语·卫灵公》)忠信是希望事业有成的人们实现理想的首要条件。子贡问政,孔子曰:"足食,足兵,民信之矣。"子贡曰:"必不得已而去,于斯三者何先?"曰:"去兵。"子贡曰:"必不得已而去,于斯二者何先?"曰:"去食。自古皆有死,民无信不立。"(《论语·颜渊》)粮食是人民生存的首要条件,兵备是阶级社会保全自我的必备手段,但是,孔子认为信是政权的根本保障。对统治者来说,应视民为本,视信为要,其余都是末。

聪明的统治者懂得怎样利用民心,他们推行政令,实行改革不单靠行政命令,而首先是取信于人。孔子说:"信,则人任焉。"(《论语·阳货》)子夏:"君子信而后劳其民,未信,则以厉(危害)已也。"(《论语·子张》)他们都将信视为役人使民的先决条件,视为治国安民的前提条件。信誓旦旦,言而可复,这是中国人民的传统美德,也是君德的重要内容,不可不察。

此外,孔子还要求统治者具备下列修养和美德:

恭、庄、敬:"恭、庄、敬",三词同义,同指恭敬、庄严的态度,只是角度不同。恭是内心的严肃和敬意,庄是举止的庄严、端正,敬是行为中表现出的小心与谨慎。君要像个君,臣要像个臣,在心态上、举止上、礼仪上,都各有规定,要合乎身份,君主认真做好了,就会收到无言之教的效果:"知及之,仁能守之,不庄以莅(临)之,则民不敬。"(《论语·卫灵公》)如果统治者"恭以莅之,则民有孙(逊)心。"(《礼记·缁衣》)孔子反对"为礼不敬"(《论语·八佾》)的行为,说:"古之为政,爱人为大,所以治爱人,礼为大。所以治礼,敬为大。……爱与敬,其政之本欤!"(《礼记·经解》)爱人即仁政,行仁政当由礼始,行礼制就必须有敬心。爱和敬是为政的基本精神,不敬,视礼制为儿戏,必然礼坏而政弛。因此,他主张治标先治本,"修己以敬",在敬的基础上,再逐级地"修己以安人","修己以安百姓"(《论语·宪问》)。

宽、让、敏:孔子曰:"宽则得众","敏则有功"(《论语·尧曰》)。

宽即宽大为怀,"赦小过"(《论语·子路》),"不念旧恶"(《论语·公冶长》)。人非圣贤,孰能无过?君主辩其性质而宽赦之,使其自新,不亦善乎!从前,楚庄王赐宴群臣,天昏日暮,秉烛尽欢。楚王令心爱的美人行酒,突然间灯熄烛灭,有人趁暗戏弄美人。美人顺手扯断那人冠缨,对楚王说:"有无礼于妾者,妾已断其缨,请举烛照之。"楚王不但不举烛,反而下令群臣个个都绝缨尽欢,然后掌灯。三年之后,晋楚之战,有一人常常冲锋在前,五战五胜。楚王怪而问之,原来他就是戏弄美人之人。倘若楚庄王当初因一个爱妾的名节而诛杀了他,岂不失掉日后这员冲锋陷阵的猛将了吗?古语云:"使功者不如使过。"不无道理。让,即礼让。孔子提倡"礼让为国"(《论语·里仁》)。君王逐鹿中原,自然要争。但一旦天下成了自家的天下,就应该以让倡廉,以逊倡和。周太王有子泰伯、仲雍、季历,季历贤,有子姬昌(即周文王),泰伯知太王有意传位季历,乃与仲雍南奔于吴,使政权实现了和平移交,保证了西周社会的顺利发展。这对不计个人得失的义举,孔子赞叹有加:"泰伯,其可谓至德也已矣!三以天下让,民无得而称焉!"(《论语·泰伯》)连天下尚可礼让,还有什么不能让的呢?统治者如果都以礼让治国,天下便不争,不争而乱者,未之有也。故孔子又说:"能以礼让为国乎,何有?不能以礼让为国,如礼何?"(《论语·里仁》)礼让则天下无事,可以无为而治;若不能礼让,天下争端日起,虽天天宣传礼制也无济于事。

　　去私、寡欲:去私,即不把天下视为一己之私产。孔子认为,人类社会已经历了两种类型,即"天下为公"的大同之世和"天下为家"的小康之世。在天下为公的社会里,"人不独亲其亲,不独子其子",货力亦"不必为己",没有阶级,没有剥削,也没有私有观念。这就是原始共产主义社会,约当于尧、舜、禹之时。当时的首领都是身先士卒,为社会做出无偿的贡献,自奉极薄,也不视天下为自己的私产。孔子曰:"巍巍乎!舜禹有天下而不与(私)焉!"又曰:"禹,吾无间(闲言)然矣！菲饮食，而致孝乎鬼神；恶衣服，而致美乎黼冕；卑宫室，而尽力乎沟洫。禹，吾无间然矣！"(俱见《论语·伯泰》)舜、禹都是有天下而不私有，居高位却不享受的圣人，这是原始社会军事民主制历史的真实写照。但在天下为私的社会里，"人各亲其亲，各子其子，大人世及以为礼"，"货力为己"，天下变成了一家一姓的天下，有阶级，有剥削，也有私有观念(《礼记·礼运》)。昏暴之君可以驱天下之人以为我使，穷天下之财以尽己乐。夏桀、商纣，无不如此。有道是："无欲之谓圣，寡欲之谓贤，多欲之谓凡，徇欲之谓狂。人之心胸，多欲则窄，寡欲则宽。人之心境，多欲则忙，寡欲则闲。人之心术，多欲则险，寡欲则平。人之心事，多欲则忧，寡欲则乐。人之心气，多欲则馁，寡欲则刚。"(《格言联璧·存养》)真是至理名言！但是，开明的君主、进步的思想家，为了本家族或本阶级的利益，意识到"四海困穷，天禄永终"(《论语·尧曰》)的严峻性，同时也出于人道的考虑，逐渐形成了"民本"思想。

民本思想要求统治者克制天下为私的意识，增强民众本位的意识，减少私欲，以利天下，以保社稷。《尚书·泰誓》："民之所欲，天必从之。"春秋时晋国师旷曰："天生民而立之君，使司牧之，勿使失性……天之爱民也甚矣！岂其使一人肆(纵欲)于民上，以纵其欲而弃天地之性？必不然也！"(《左传》襄公十四年)郑文公曰："苟利于民，孤之利也。天生民而树之君，以利之也。民既利矣，孤必与焉。"(《左传》文公十三年)《荀子》曰："天之生民，非为君也；天之立君，以为民也。故古者，列地建国，非以贵诸侯而已；列官职，差爵禄，非以尊大夫而已。"(《大略》)等等，不一而足。

民本思想力图告诉人们：天下是天下人的天下，人民是天下的主人。君主是上天派来管理人民、造福人民的使者，他对天下只有保管权，没有占有权；只有经营权，没有所有权。政权的目的在于利民、裕民，而不在于害民和剥削人民。孔子对民本思想无疑是赞同的，因为他盛称"其养民也惠"的子产(《论语·公冶长》)，向往"修己以安百姓""博施济众"(《论语·雍也》)的圣人之业。他斥责横征暴敛胜于猛虎:"苛政猛于虎!"(《礼记·檀弓下》)季康子患盗,问计于孔子,孔子批评他说:"苟子之不欲,虽赏之不窃!"(《论语·颜渊》)希望统治者节制贪欲,少干竭泽而渔、杀鸡取卵的蠢事。

纳谏:孔子曰:"明王有三惧:一曰处尊位而恐不闻其过,二曰得志而恐骄,三曰闻天下之至道而恐不能行。"(《韩诗外传》卷七)不闻过则错上加错,骄傲则轻敌,不行至道则事业无成,此三者实为人君之大忌。后两者若经人指点,尚可以知错而改,还可补救,唯"不闻其过"最头痛,故为"三惧"之首。人非全知全能,孰能智周万类,无缺无欠?俗话说:知人者智,纳谏者圣。圣的繁体字"聖",从耳从口壬声,古文字只作"耳口"会意,意即听得进言语规劝者即为圣人。孔子曾说过:"良药苦于口利于病,忠言逆于耳利于行。故武王谔谔(直言争辩)而昌,纣嘿嘿(默默无言)而亡。君无谔谔之臣,父无谔谔之子,兄无谔谔之弟,夫无谔谔之妇,士无谔谔之友,其亡可立而待。故曰:君失之,臣得之;父失之,子得之;兄失之,弟得之;夫失之,妇得之;士失之,友得之。故无亡国破家、悖父乱子、放兄弃弟、狂夫淫妇、绝交败友。"(《说苑·正谏》)《荀子·子道》:"昔万乘之国,有争臣四人,则封疆不削;千乘之国,有争臣三人,则社稷不危;百乘之家,有争臣二人,则宗庙不毁;父有争子,不行无礼;士有争友,不为无义。"亦作孔子曰,与此正同。人们如果能听进劝谏,就不会有败德恶行。同理,一个君主若有直言极谏之臣,为之拾遗补阙,纠过救偏,他就不会有昏德和败政。古谚云:"千夫之诺诺,不若一士之谔谔。"(《史记·商君列传》)真是至理良言。故孔子一则曰:"勿欺也,而犯之。"(《论语·宪问》)要求大臣出以忠心,犯颜直谏。一则曰:"明主在上,群臣直议于下。"(《韩非子·内储说七术》)要求君主创造直言气氛,虚心纳谏。

其他方面,统治者还应具备孝的情感、远见卓识、身先士卒的作风和谨慎的态度。

第八章　仁政

——帝王的大智慧

德治主要讲社会应由道德觉悟很高，并能按道德原则办事的人来管理，通过统治者优秀的表率作用来正人心，治理天下；仁政则主要讲施政纲领。前者告诉人们一个合格的统治者应当具备什么样的政治修养，它既是好官、好君、好政府完善自我的指南，也是人民衡量政府、君主和百官好坏的尺度。后者则告诉统治者应该怎样行政，是实现清平政治的蓝图。那么，这幅蓝图孔子是怎样绘制的呢？归纳起来主要有五点：足食、足兵，重教、轻刑，正名，选贤才。下面即分而述之。

第一节　足食、足兵

子贡问政，子曰："足食，足兵，民信之矣。"子贡曰："必不得已而去，于斯三者何先？"曰："去兵。"子贡曰："必不得已而去，于斯二者何先？"曰："去食。自古皆有死，民无信不立。"

子适卫，冉有仆（驾车车）。子曰："庶（人口稠密）矣哉！"冉有曰："既庶矣，又何加焉？"曰："富之。"曰："既富矣，又何加焉？"曰："教之。"（《论语·子路》）

前者为足食、足兵、立信，后者为庶、富、教，前后互补，构成孔子的治国方略。庶即人口繁衍；富即足食，发展生产；足兵是保证在和平环境中实现庶、富、教的必要措施；信和教，属于上层建筑领域的事情，自上对下而言，要立信，自下对上而言，要受教。要发展人口（庶），增加生产力,使国民具体从事生产、加强国防的人力;大力进行物质生产,增加财富,让人民有富裕的生存条件(富之、足食);要具有强大的国防(足兵),使人民在无忧无虑的环境中生活;还要搞好上下关系,加强团结(信),进行教育教化,提高人民的文化素质和道德修养(教),使他们过文明的生活。从物质到精神,从上下关系到道德修养,孔子都考虑到了。一个两千五百多年前的古人,能做出这样系统全面的考虑,确实是难能可贵的,也是不多见的。

在具体施政上,食、兵、信、庶、富、教,虽然都很重要,但也有主次之分和先后之别。

就食、兵、信而言,食居于首要地位。俗话说,国以民为本,民以食为天。国家的稳定、社稷的存亡,首先必须解决人民的温饱问题,解决人民的生存问题。汉朝的晁错说过:"人情,一日不再(两餐)食则饥,终岁不制衣则寒。夫腹饥不得食,肤寒不得衣,虽慈母不能保其子,君安能有其民哉!明主知其然,故务民于农桑。"(《汉书·食货志上》)富贵知礼仪,饥寒起盗心,这是三岁小孩也知道的道理。对于修养高的人来说,为了人格,为了仁义,可能在饥寒之下还能坚守气节,做到"贫贱不能移"。但对于一般老百姓来说,无衣无食,就难免啸聚山林,铤而走险。因此,自古明君圣主,无不重视农业,重视粮食生产。《洪范》"八政":"一曰食,二曰货。"将粮食置于财货之首。一生最推崇大丈夫浩然之气的孟子,虽然曾劝君王"何必曰利,亦有仁义而已矣",但对待老百姓,他也承认首先要"制民之产",曰:"无恒产而有恒心者,惟士为能。若民,则无恒产,因无恒心,苟无恒心,放辟邪侈,无不为已。""是故明君制民之产,必使仰足以事父母,俯足以畜妻子。乐岁(丰年)终身饱,凶年免于死亡,然后驱而之善。"(《孟子·梁惠王上》)恒产,即固定不动、长期使用的产业,如田土、山川等生产资源。恒心,即常久不变之善心。孟子认为,天下人民,士农工商,只有读书人知道礼义廉耻,在没有固定产业的情况下,还能保持一定的人格。若是一般平民,不知礼义,没有固定财产,就不可能有恒久不变的善心,什么犯上作乱的事都干得出来。此即孔子"君子固穷,小人穷斯滥矣"(《论语·卫灵公》)名言在政治上的应用。为了安定人心,就得分配给人民产业,让他们能够自食其力。解决了生存问题,然后才谈得上礼义廉耻,引导他们向高尚的境界发展(引而之善)。

《论语·尧曰》记载孔子"所重:民、食、丧、祭"亦将民和食摆在丧、祭等礼仪之前。基于对粮食的重视,孔子看见庄稼就格外亲热:"夫子见禾三变也,滔滔(快活)然曰:'狐向丘而死,我其首禾焉。'"(《淮南子·缪称》)禾三变,指庄稼经历了发芽、抽穗、成熟三次变化。狐死首丘,不忘其本。人也如此,人之本即粮食,故孔子将枕禾而死,示不忘其本,念念以民食为重。孔子著《春秋》,其他灾祸,多有未记,而麦禾不熟,却书之不倦(《汉书·食货志上》董仲舒说),其中的微言大义,亦在重粟而已。手里有粮,心中不慌,诚如汉贾谊所云:"苟粟多而财有余,何为而不成? 以攻则取,以守则固,以战则胜。怀敌附远,何招而不至?"(《汉书·食货志》)古今成败,多与粮食有关。诸葛亮六出祁山,又六次退却,无成而归,究其根本原因,乃蜀道千里,转输不易,军中乏粮,难以持久作战。曹操官渡之战,曹军以数千兵力战胜袁绍十万大军,其诀窍乃是烧毁袁军粮草于乌巢……因此,自古兵家以"兵马未动,粮草先行"为座右铭,自古政治家也以发展生产为改革的中心议题。李悝的"尽地力之教",商鞅的"为田开阡陌封疆",王莽的"王田制",北魏孝文帝的"均田制",王安石的"农田水利法"……虽然形式不同,性质各异,但其政策思维不外"足食""富之"而已。谁把土地问题解决好了,谁的改革就成功,否则,必败无疑。

足兵。孔子一生提倡仁、义、礼、智、信,从来不宣传战争,甚至连讨论也不愿意。周游列国来到卫国,卫灵公向他请教战阵之事,孔子曰:"俎豆之事,盖尝闻之矣;军旅之事,未之学也。"他觉得卫灵公无聊,不向他问礼,却向他问兵,次日便离开了卫国。何以这里又将"足兵"作为政治方案中仅次于"食"的重要内容提出来呢? 其实,这是孔子出于实际需要的考虑。孔子所处的春秋时期,以强凌弱、以众暴寡成了家常便饭,其间"弑君三十六,亡国五十二,诸侯奔走不得保其社稷者不可胜数!"(《史记·太史公自序》)那时人欲横流,礼义扫地,人类和平相处的公德早已被抛到九霄云外了!经学家称这个时代为"据乱之世"。在这样的乱世中要治国安民,无武备怎么可以呢?纵然要在国内举礼作乐,也需要强大实力作为保证才行。面对这样的现实,孔子无论如何也不会忘记武备的。

那么,孔子是怎样看待军事问题的呢?即注重防御,反对侵略,教而后战,以战去战。

注重防御。上文所引"足兵"即是从防御意义上讲的。孔子为大司寇时,齐鲁二公相会于夹谷,孔子相礼。行前,鲁定公相信了齐国友好会盟的鬼话,满心欢喜,毫无戒备,准备乘着普通车子前往赴约。孔子曰:"臣闻有文事者,必有武备;有武事者,必有文备。古者诸侯出疆,必备官以从。请具左右司马(掌兵官)。"(《史记·孔子世家》,亦见于《穀梁传》)。后来,齐国果然背信弃义,想在盟会时挟持鲁定公,幸好鲁国事先做了准备,才有惊无险。"有文事者,必有武备",正是加强防御的意思。

反对侵略。正如孔子的仁义思想是为了让大家共同快活、普天同庆,孔子搞武备的目的也是为了保卫人民安居乐业,而不是掠夺和侵略。"己所不欲,勿施于人。"自己国家不愿被别人侵略,孔子也绝不将侵略施之他国。因而,他坚持反对侵略战争。《论语·季氏》载,季孙氏为政,将侵略鲁国的附庸小国颛臾,在季氏家做家臣的冉有和子路将此事告诉孔子。孔子说:"丘也闻有国有家者,不患寡而患不均,不患贫而患不安。盖均无贫,和无寡,安无倾。夫如是,故远人不服,则修文德以来之。既来之则安之。今由(季路)与求(冉有)也,相夫子(指季孙氏),远人不服,而不能来也;邦分崩离析,而不能守也。而谋动干戈于邦内。吾恐季孙之忧,不在颛臾,而在萧墙之内也。"在这里,孔子提出了均贫富、和人民、安邦国的治国原则,和"远人不服,则修文德以来之,既来之则安之"的外交政策。这与他回答叶公问政时所谓的"近者说（悦），远者来"（《论语·子路》）的命意相同。他认为，只要国内搞好了，文治灿然，安定团结，外国人就自然而然地感其风化，顺服于你。否则，内政不修，民怨沸腾，外人哪里肯服？就是兴师征讨也不起作用。更有甚者，如果国内未安定，却去穷兵黩武，发动侵略战争，必然后院起火，祸起萧墙。

教而后战。战争有时是必要、不可避免的；战争又是残酷的、流血的，有国有家者，不可不慎。故《老子》曰："夫佳（唯）兵者，不祥之器也。"孙子曰："兵者，国之大事，死生之地，存亡之道，不可不察也。"（《孙子兵法·计篇》）孔子出于仁者之心，又怎会忍心随便将人们推入战争这个血与火的深渊呢？故《论语·述而》云："子之所慎：齐（斋）、战、疾！"孔子对战争是慎重的，不轻易提及。他反对穷兵黩武，反对"不教使战"，认为将未加训练和教导的士兵草率推进战场，这是非常不负责任的。子曰："以不教民战，是谓弃之。"（《论语·子路》）他主张对人民加强战争教育和战术训练，并须之以时，方可从征。子曰："善人教民七年，亦可以即戎（从征）矣！"（《论语·子路》）他认为善于指挥的人要对人民进行七年的训练，才可以让他们从事战争。在不战不已的时候进行战争，以训练有素的士兵驰骋沙场，这就是孔子的战略思想。孔子出身武士之家，其父叔梁纥即以勇力闻于诸侯，立有战功；他本人也身体魁梧，力大无比，《吕氏春秋·慎大》："孔子之劲，举国门之关而不肯以力闻。"又知兵知战，曾经成功指挥过粉碎费人暴乱的战争；他传授门徒，子弟也多通军事。《史记·孔子世家》载，"冉有为季氏将师，与齐战于郎，克之。季康子曰：'子之于军旅，学之乎？性（生就）之乎？'冉有曰：'学之于孔子'"。由此可知，当初孔子不与卫灵公议兵，非真不知兵，只是示其不以武力为重罢了。

以战去战。楚庄王说："止戈为武。"（《左传》宣公十二年）孔子曰："人生有喜怒，故兵之作，与民皆生，圣人利用而弭之，乱人举之丧厥身。"（《大戴礼记·用兵》）"利用而弭之"，即以兵去兵。齐田氏弑其君，孔子斋戒沐浴，要求鲁哀公吊民伐罪；公叔氏以蒲叛卫，孔子建议卫灵公讨而伐之。这与一生讲仁义礼让的孔子似乎有些不协调。其实,孔子的以战去战思想,正是仁义礼让精神的体现。《大戴礼记·用兵》载,"(鲁哀)公曰:'用兵者,其由不祥乎?'子曰:'胡为其不祥也? 圣人之用兵也,以禁残去暴于天下也'"。"禁残去暴",是孔子用兵的目的,是以战去战的具体说明。只有禁残去暴,才能保证人民的正常生活,才能保证国家的和平与稳定。这样,战争是保证推行仁义之政、实行礼乐教化的必要手段。从事战争正是出于爱民的仁人之心,并不与仁义相悖。鲁哀公十一年(前484年),鲁国抗击齐兵入侵,孔子对战斗中牺牲的鲁国将士称赞有加。其中有未成年的牺牲者,按礼祭奠时只能采用"殇礼",孔子却说:"能执干戈以卫社稷,可无殇也!"孔子弟子冉有在这次战斗中,表现出色,孔子称许他有"义"。可见,孔子反对不义之战,赞扬正义之战。义与不义,是决定孔子战争态度的界标,这正是他仁义情怀的表现。战国大儒荀子对此也有非常深刻的思考。有人问:"仁者,爱人;义者,循理。然则又何以兵为? 凡所为有兵者,为争夺也。"荀子曰:"非女(汝)所知也。彼仁者爱人,爱人,故恶人之害之也。义者循理,循理,故恶人之乱之也。彼兵者,所以禁暴除害也,非争夺也。"(《荀子·议兵》)仁者爱人,故不忍心人民被暴力所害;义者循礼,故不容许公理被人所贼。军事,就是禁暴除害的。同样主张以兵除害,这是爱好和平的中国人民的优良传统,经以孔子为首的儒家提倡,已经深入人心,成为人类共同接受的外交原则。

就"庶、富、教"言之,庶是人口增殖,富是丰衣足食,教是礼乐教化。将"庶、富"排在"教"之前,与将"足食"摆在"足兵、信之"之前具有同样道理,即《管子·牧民》所谓:"仓廪实则知礼节,衣食足则知荣辱。"告子曰:"食、色,性也。"(《孟子·告子上》)《礼记·礼运》曰:"饮食、男女,人之大欲存焉。"人有求得生存的需要,也有求得繁衍的本能。天下皆然,古今同理。马克思主义"两个再生产"理论也告诉人们:"人们能够创造历史,必须能够生活。但是,为了生活,首先就需要衣、食、住以及其他东西。因此第一个历史活动就是生产满足这些需要的资料。"又说:"每日都在重新生产自己生命的人们开始生产另外一些人,即增殖。"(《德意志意识形态》)将两段话归纳起来,前者为物质资料再生产,后者为劳动力资源再生产。用告子的话即是"食、色",用《礼记》的话即是"饮食、男女",用孔子的话即是"庶、富"。告子、《礼记》立足于人的需要,认为人有需食、需色的本性;孔子基于统治者的政策考虑,认为应当对人民实行庶之、富之的政策。着眼点只有一个,即解决人类生存、生产的起码要求。富民思想一直是中国传统治国理想。《尚书·康诰》曰:"惟文王之敬忌,乃裕民。"孔子亦将利民爱民的惠心作为仁德之一,盛赞子产"其养民也惠"(《论语·公冶长》)。子产死后,孔子潸然出涕,曰:"是古之遗爱也!"(《左传》昭公二十年)那么,孔子认为怎样才能惠民、利民,使其富裕起来呢?他认为只要善于为政,就可做到"惠而不费"。能够"因民之所利而利之,斯不亦惠而不费乎?"(《论语·尧曰》)君王在上,自己又不能生产,怎样才能惠民、利民呢?那便是实行对人民真正有利的政策。汉代晁错说得好:"圣王在上而民不冻饥者,非能耕而食之,织而衣之,为开其资财之道也。"(《汉书·食货志上》)

怎样的"资财之道"呢?孔子提出轻徭、薄赋、厚施三原则。轻徭,即减轻徭役。孔子不反对人民从事必要的劳徭:"爱之,能勿劳乎?"(《论语·宪问》)但要爱惜民力,使用得时,即"使民以时"(《论语·学而》),征调徭役不违农时。《尚书·尧典》曰:"食哉唯时。"应在农闲时抽调徭役,"岁月日时无易(错乱)",于是"百谷用成"(《尚书·洪范》)。让人民在保证生产的前提下服役,虽劳之而无怨:"择可劳而劳之,又谁怨?"(《论语·尧曰》)薄赋,即反对超经济剥削。在生产力十分低下的古代社会,统治者食税过多,聚敛无度,必然造成人民的饥饿,《老子》曰:"民之饥也,以其上食税之厚。"如果劳动人民生活成问题,就不能进行劳作,因此孔子要求统治者用薄赋养民力,藏畜于民:"薄赋敛则民富。"(《说苑·理政》引)与老子一样,孔子也认为统治者的多欲是造成盗贼公行和社会不安的原因之一:"季康子患盗,问于孔子,孔子对曰:'苟子之不欲,虽赏之不窃。'"可是,贪鄙的季孙氏还是不知道这个道理,虽"富于周公",还叫冉有为之聚敛,难怪孔子要号召弟子们"鸣鼓而攻之"了。厚施,即重施恩惠于民。"博施济众"是孔子的远大理想,而厚施就是他实现这一理想的手段。《左传》哀公十一年记载季康子欲增加赋税,叫冉求问问孔子行不行,孔子三问而不答,最后才说:"君子之行也,度于礼。施取其厚,事举其中,敛从其薄。""施取其厚",既可结恩于民,又可培养民力,还可藏富于民。人民富裕了,国家还有不富裕的吗? 有若曰:"百姓足,君孰与不足;百姓不足,君孰与足?"(《论语·颜渊》)荀子曰:"下贫而上贫,下富而上富。"(《荀子·富国》)先富民而后富国,是儒家的传统思想。

第二节　重教、轻刑

重教,即重视礼教。上文所引的"信之""教之"即其事。信之,使人民相信统治者,这是身教。教之,则可归属于言教。儒家认为,人是有理性的动物,社会应是有秩序的社会,人民应该在秩序中过文明的生活。教,正是帮助人民认识自己的理性,理解社会的秩序,明白文明规范的必要措施。孔子说:"君子学道则爱人,小人学道则易使也。"(《论语·阳货》)孟子曰:"人之有道也,饱食暖衣,逸居而无教,则近于禽兽。圣人有忧之……教以人伦,父子有亲,君臣有义,夫妇有别,长幼有叙,朋友有信。"(《孟子·滕文公上》)荀子曰:"不富无以养民情,不教无以理民性。故家五亩宅、百亩田,务其业而勿夺其时,所以富之也。立大学,设庠序,修六礼,明七教,所以道(导)之也。《诗》曰:'饮之食之,教之诲之。'王事具矣。"(《荀子·大略》)人是有食色本性的动物,故首当足食和富之。但是,人又是具有爱类、和群等社会性的高等动物,故需要教之诲之,让他们在人格上自觉、在道德上自律。教,正是在"足食、富之"基础上,提高人们个性修养,增强人的道德觉悟的积极措施。孔子出于"己欲立而立人,己欲达而达人"的仁者情怀,主张积极施教,向人民晓谕事理,从积极意义上讲,可以促成人们知礼知节、知规知矩,过合乎道义、合乎礼教的文明生活;从消极意义讲,可以规劝人们遵纪守法,循规蹈矩,避免陷于刑律。他反对那种"不教而杀""不戒视成"的愚民、惘民做法,尖锐指出:"不教而杀之谓之虐,不戒视成谓之暴。"(《论语·尧曰》)认为不对人民进行教育,却实行严刑峻法,无异于坑民、害民。孔子的这一思想可以用他自己的两句名言来概括:

民可使,由之;不可使,知之。(《论语·泰伯》)

"可使","不可使"的"使",即"小人学道则易使"的"使","易使"是人民大众知晓"义"之后达到的遵纪守法、循规蹈矩的状态。孔子认为,如果人民知道规矩,依礼而行,就可以放手让他们去自由行使权利;如果还不知道规矩,不能依礼而行,就要开导他们,使其知道。这是"教之"的准确表述。

轻刑,即不以刑罚为重,这一思想体现在下列格言之中:

导之以政,齐之以刑,民免而无耻;导之以德,齐之以礼,有耻且格。(《论语·为政》)

关于孔子的刑法思想,本书将有专章讨论,这里就不再赘述了。

第三节　乱中求治——正名

正名,即端正社会秩序,使各阶层的人各行其是。正名的重要意义,孔子在《论语·子路》中有详尽的阐述:

子路曰:"卫君待子而为政,子将奚先?"子曰:"必也正名乎。"子路曰:"有是哉? 子之迂也,奚其正?"子曰:"野哉,由也! 君子于其所不知,盖阙如也。名不正,则言不顺;言不顺,则事不成;事不成,则礼乐不兴;礼乐不兴,则刑罚不中;刑罚不中,则民无所措手足。故君子名之必可言也,言之必可行也。君子于其言,无所苟而已矣!"

这段话集中反映了孔子的"正名"思想,现意译于此:子路对孔子说:"卫君正等老师去处理政务,您将先从哪里着手呢?"孔子说:"最迫切的是正名。"子路说:"有这样做的吗?老师您真迂腐呀!您将正什么名呢?"孔子说:"太粗鲁无礼啦,仲由!君子对他所不了解的,就缺之不说。名不正,说话就不能贯彻;说话不能贯彻,事情就难以成功;事情不能成功,礼乐就难以举行;礼乐不能举行,刑罚就不会准确;刑罚不准确,人民就不知道该怎样办好。因此,君子的名分是可以用语言说出来的,说出来了就是可以履行的。君子对于说话,不要轻率乱说呀。"

什么是正名呢?正名的内容是什么?《论语·颜渊》为之作了注脚:

> 齐景公问政于孔子,孔子对曰:"君君、臣臣、父父、子子。"公曰:"善哉!信如君不君,臣不臣,父不父,子不子,虽有粟,吾得而食诸?"

正名即"君君、臣臣、父父、子子",直译即:君要像个君,臣要像个臣,父要像个父,子要像个子。即端正等级名分。为什么做好这些工作那样重要,值得孔子当成为政的当务之急呢?在儒家看来,世间天然地存在差别,社会形成各种等级,为了协调各等级间的和谐运转,便形成了规定各等级名分的礼制,此即差别→等级→名分→礼制的演进过程。

荀子曰:

> 有天有地而上下有差,明王始立而处国有制。夫两贵之不能相事,两贱之不能相使,是天数(必然道理)也。势位齐而欲恶同,物不能赡则必争。争则必乱,乱则穷矣。先王恶其乱,故制礼义以分之,使有贫、富、贵、贱之等,足以相兼临者,是养天下之本也。(《荀子·王制》)

荀子阐述了贫富、贵贱产生的原因,他认为差别有其必然性:"有天有地而上下有等";有其必要性:"两贵不能相事,两贱不能相使"。

认为人事的差别在自然界(天地)中和自然规律(天数)中就具备了必然存在的因素(这也许歪曲了私有制的产生原因),这是就差别的客观性说的。但人事差别的直接原因还在人类本身:如果大家的势力地位相等的话,那么好恶也必定相同,要求也必定相同。可是财物有限,不可能满足所有人的需求。嗜欲得不到满足,就必然引起争端,争斗起来天下就会大乱,大乱了人类就会同归于尽。因此,先王不愿天下大乱,就制定出不同的等级,那就是贫、富、贵、贱,使富有所役,贵有所使,贫有所奉,贱有所事。这就是等级名分。

孟子也说:

> 有大人之事,有小人之事……或劳心,或劳力,劳心者治人,劳力者治于人;治人者食人(取食于人),治于人者食于人(供食于人),天下之通义也。(《孟子·滕文公上》)

孟子从社会分工角度论证统治与被统治(即贵与贱)的关系。大人,指统治者;小人,指被统治者。二者分工不同,各有职分。他主张彼此要互相配合,社会才能正常运转。当然,孟子也抹杀了阶级之间的剥削关系。"大人"里有天子、公侯、卿大夫、百官、士之分,"小人"里有庶人、工商、皂隶、牧圉之别。先王制礼,各有分守。总的看来,就供养关系说是"无小人莫养君子";就统治关系说,是"无君子莫治小人"。具体来看,则是:"公食贡(贡赋),大夫食邑(采邑),士食田(禄田),庶人食力,工商食官(官府垄断工商),皂隶(奴隶)食职"(《国语·晋语》)。牧圉为放牧樵采之人,与皂隶命运相同。天子拥有天下:"普天之下,莫非王土;率土之滨,莫非王臣。"(《诗经·北山》)天子拥有最高的权利。"礼乐征伐自天子出",分封诸侯、制定礼乐、决定征伐,就权限看,又具有生杀予夺的最高权力。诸侯对上要听命于天子,有拱卫王室的义务;对下有分赐大夫、士采邑和禄田的权利。大臣则臣服于诸侯,可参与政务,担任官职,协助诸侯治理国家。士则多为大夫家臣或武士,为公、大夫所驱使。天子、诸侯、大夫、士构成统治集团("大人"),共同统治和奴役庶人以下的平民和奴隶。在物质生活和文化生活上,各个等级的人也都各有其相称的物质享受标准,具有明文规定,这就是礼制,这就是名分。

以上是政治生活中的等级名分。此外,在社会生活和家庭生活中,也有差别和等级,如男女、夫妇、父子、朋友等,也具有相应的名分。《左传》文公十八年要求"父义、母慈、兄友、弟恭、子孝";《孟子·滕文公上》要求:"父子有亲,夫妇有别,长幼有叙(先后、尊卑),朋友有信"。此即伦理道德意识。儒家认为伦理先于政治,家庭先于国家,伦理道德是政治关系的基础。《周易·序卦传》:"有天地然后有万物,有万物然后有男女,有男女然后有夫妇,有夫妇然后有父子,有父子然后有君臣,有君臣然后有上下,有上下然后礼义有所错(措)。"伦理是政治的基础,家庭是社会的细胞。基础固则上层牢,细胞健则肌体全。故《礼记·大学》:"欲平天下者,先治其国;欲治其国者,先齐其家。"此即修身、齐家、治国、平天下的中国士大夫的奋斗之路。

无论是家庭生活还是社会生活,无论是伦理关系还是政治关系,其间都有差别,有等级。每个等级和每个群体都有自己的名称,这就是"名";每个等级和群体都有其特定的职位、权利和义务,这就是"分"。在礼教社会里,一切名称都代表着一定的内涵,要求人们去遵循和履行。社会给人们圈定了上上下下、大大小小、形形色色的位置,也给人们划出了互相配合、互不冲撞的航道,要求人们在合适的位置上鼓起前进的风帆,共同驶向幸福的彼岸。

为了求得前进途中的协调行动,必须满足以下三个条件:一曰人称其位,二曰事称其职,三曰享受称其分。这就是名正,满足这三个条件即是名副其实。人称其位,要求官无庸才,野无遗贤;事称其职,要求恪尽职守,无越无僭;享受称其分,要求衣食有度,享受中礼。如果小人在位,政治腐败,负且乘,则盗思夺之。政府没有威信,出政发令,无人奉行,此即"名不正则言不顺"。如果人浮于事,官不奉职,便政事无成,此即"事不成"。如果享受越分,乱礼悖伦,礼坏乐崩,此即"礼乐不兴"。礼乐既废,规矩无存,或有作奸犯科,或有无知触禁,二者混淆,难以区别,故"刑罚不中"。刑罚处理不当,人民动辄得咎,徘徊歧路,不知所之,此即"民无所错(措)手足"。可见,正名是王政之本,治乱所系,统治者欲乱中求治,固舍此而莫由。

孔子所处的春秋社会,正是一个名不正、言不顺、礼坏乐崩、仁义屏迹的时代。天子衰弱,大国称霸,礼乐征伐早已从天子而下移诸侯,又从诸侯下移至大夫、陪臣了。孔子曰:"天下有道,则礼乐征伐自天子出;天下无道,则礼乐征伐自诸侯出。自诸侯出,盖十世希(稀)不失矣;自大夫出,五世希不失矣;陪臣执国命,三世希不失矣。"(《论语·季氏》)奴隶制国家政权已处于风雨飘摇之中,岌岌可危了。在社会、家庭中,亦是"以强凌弱,以众暴寡",全无友爱之心;上烝下报,子弑其父,社会伦理的堤防也早已被人欲的横流冲荡得全然无存。统治者醉生梦死,以乐藏忧,僭越无度。社会财富过分糜费,人民的负担越来越重……人民在死亡线上挣扎,社会在黑暗之中沉吟,当时稍微有点远见的士大夫也预感到危机的严重、末日的来临。齐国晏婴发出亡国的哀叹,晋国叔向发出"季世"的悲鸣,但都没有提出治世的大政方针。只有孔子提出了挽救丧邦失国的良方"正名"。他企图用周礼的等级名分重新检讨社会,让越礼犯禁行为收敛起来,恢复到本该具有的位置上去,人人知礼知分,个个遵纪守法,不溢不滥,人民尽成教化之民,国家复为礼义之邦,以安邦国,以兴太平。这就是孔子正名思想的思路和最终目的。

第四节 为政在人——选贤才

政治是管理科学,是人管理人的科学,没有好的管理者,怎么进行政治呢?故找到理想的管理人选是政治最重要的事情。孔子曰:"其人存则其政举,其人亡则其政息。""故为政在人。"(《中庸》)人才是政治兴衰的保障之一,是事业成败的关键所在!因此,当鲁哀公问政于孔子,孔子曰:政在选贤(《韩非子·难三》)。当仲弓为季氏宰,问计于孔子,孔子曰:"选贤才。"(《论语·子路》)当子路问治国之术于孔子,孔子还是说:"尊贤!"(《说苑·尊贤》)孔子这位博学多才而又怀才不遇的大智大贤,对贤才的问题更是别有一番滋味在心头!

孔子认为,得贤可以立政,得贤可以治国,得贤可以王天下。他赞叹古代养贤尊贤之人和知贤用贤之君。卫灵公是有名的"无道"之君,"其闺门之内,姑姊妹无别",可是孔子反而称他为贤君(《说苑·尊贤》)。鲁哀公、季康子困惑不解,孔子回答说:"仲叔圉治宾客(外交),祝鮀治宗庙(礼仪),王孙贾治军旅(军事)。夫如是,奚(怎么)其丧?"(《论语·宪问》)任用贤才,纵然是昏君庸主也可长保国祚。介子推年方十五,为楚国相,孔子甚感奇怪,派人前往考察,回来的人说:"廊下有二十五俊士,堂上有二十五老人。"孔子听后说:"合二十五人之智,智(聪明)于汤武;合二十五人之力,力(强劲)于彭祖。以治天下,其固免矣!"(《说苑·尊贤》)得贤合众,集思广益,虽毛头小伙也可治理天下,而况一国乎!齐景公曾问孔子曰:"秦穆公国小处辟(僻),其霸何也?"孔子曰:"秦,国虽小,志大;处虽辟,行中正。身举五羖(百里奚),爵之大夫,起累(缧)绁(拘捕)之中。与语三日,授之以政。以此取之,虽王可也,其霸小矣。"(《史记·孔子世家》)秦穆公任用贤人而称霸西戎,孔子认为虽王天下也是办得到的,何况才称霸诸侯呢?其渴贤求贤之意,溢于言表。鲁国孟献子"以畜贤为富","孔子曰:孟献子之富,可著于《春秋》。"(《新序·刺奢》)而臧文仲不举贤者柳下惠,孔子斥之为"窃位"(《论语·卫灵公》)……凡此,无不体现出孔子敬贤、爱贤的热切之心。

孔子的人才思想可归纳为:先德后才,德才兼备;量才录用,不求全责备;不避亲疏贵贱,唯才是举;注重实际,不为表象所惑;信之任之,大胆用人。

先德后才,德才兼备。《说苑·尊贤》载孔子曰:"人必忠信重厚,然后求其知(智)能焉。……是故先其仁信之诚者,然后亲之;于是有知(智)能者,然后任之。故曰:亲仁而使能。""忠信重厚""仁信之诚"

为品德修养,属于德。"知能"为才干本领,属于才。对同一个人,应当先考察他的德,然后考察其才:"人必忠信重厚,然后求其知能焉。"对于候选人,应首先注意有德者("仁信之诚者"),然后注意有才者("知能者")。对有德者采取亲近的态度,而对有才者则采取使用手段。可见,孔子在考察人才时,是先德后才,亲德使才。最好是德才兼备,其次是亲近有德之人而使用有才之人。这种思想在另一则故事中表达得十分清楚。鲁哀公问孔子:"请问取人。"孔子对曰:"无取健,无取讦(gān),无取口啍(zhūn,多言)。健,贪也;讦,乱也;口啍,诞(夸张)也。故弓调(正)而求劲焉。士不信悫而多能,譬之其豺狼也,不可以身迩(近)也。"(《荀子·哀公》)倘若一个人不诚、不信,而有才干,那犹如有尖牙利爪的豺狼,是千万不能接近信任的。这就是先德后才的必要性。

　　哀公问曰:"何为则民服?"孔子对曰:"举直(有德)错(置)诸枉(歪邪),则民服;举枉错诸直,则民不服。"(《论语·为政》)

　　子曰:"举直错诸枉,能使枉者直。"(《论语·颜渊》)

　　这个道理与"负且乘,致寇至""政者正也"的道理相同。

　　量才录用,不求全责备。在个人才能方面,孔子主张用人如用器,有一分长用一分长,有一分才用一分才:"君子……及其使人也器之;小人……及其使人也求备焉。"(《论语·子路》)又曰:"无求备于人。"(《论语·微子》)人各有长,用其所长,弃其所短,则世不乏才。

　　不避亲疏,唯才是举。春秋之时,世卿世禄、位势津要皆为贵族所把持。孔子主张受过教育、德才优秀的平民子弟也可以进入仕途,参加管理。他说:"先进于礼乐,野人也;后进于礼乐,君子也。如用之,则吾从先进。"(《论语·先进》)又说:"犁牛(耕牛)之子骍(赤色)且角(角形周正),虽欲勿用(祭神),山川其舍诸?"(《论语·雍也》)孔子有个弟子名仲弓,有才有德,"可使南面"统治天下,可惜他出身卑微,按礼制,是没有资格从政的。孔子说:耕牛的儿子长得毛色瑰丽,角形周正,山川之神难道不喜欢它吗? 于人亦然。因此,孔子对选伊尹于厨师之林的汤、举五羖于缧绁之中的秦穆公，赞佩有加。与之相联系的是，孔子还鼓励人们出于公心，唯才是举，不避亲仇之嫌，这集中表现在他对祁黄羊的赞赏上。《吕氏春秋·去私》云：

> 晋平公问于祁黄羊曰："南阳无令，其谁可而为之？"祁黄羊对曰："解狐可。"平公曰："解狐非子（你）之仇邪？"对曰："君问（孰）可，非问臣之仇了。"平公曰："善。"晋平公遂用之，果然不错，国人称善。后来平公又问祁黄羊曰："国无尉，其谁可而为之？"对曰："午可。"平公曰："午非子之子邪？"对曰："君问可，非问臣之子也。"平公曰："善。"又用之，国人称善。孔子闻之曰："善哉！祁黄羊之论也，外举不避仇，内举不避子。祁黄羊可谓公矣！"①

解狐本是祁黄羊的私仇，当晋平公要求祁黄羊推荐人才时，祁黄羊毫不犹豫地推荐了他；祁午乃祁黄羊之子，祁黄羊也举荐了他。"外举不避仇，内举不避亲"，这就是出以公心，唯才是举。《尚书·洪范》曰："无偏无党，王道荡荡。"祁黄羊可谓得古之良训。后来，《礼记》将这一美德定为儒者的优良品质，曰："儒有内称（举）不避亲，外举不避怨；程功积事，推贤而进，达之不望其报；君得其志，苟利国家，不求富贵。其举贤援能有如此者！"（《孔子家语·儒行》）这真是金玉良言，千百年来激励着正直的士大夫推贤举能，谱写了一曲曲动人的荐贤得贤之歌！

注重实际，不为表象所惑。孔子认为对人才有一个考察过程，要其注重言行，不要为表面现象所惑。"君子不以言举人，不以人废言。"（《论语·卫灵公》）即不要仅仅根据其言论的好坏而定其去取。他主张"如有所誉，其有所试"（《论语·卫灵公》）。对一个人的称誉，应先

---

① 此事又见于《左传》襄公三年，其文曰："祁奚（字黄羊）请老（退休），晋侯（悼公）问嗣（接班人）焉，称解狐，其仇也。将立之而卒，又问焉，对曰：'午可也。'于是（当时）羊舌职死矣，晋侯曰：'孰可代之？'对曰：'赤也可。'于是，使祁午为中军尉，羊舌赤佐之。君子谓祁奚能举矣。称其仇，不为谄；立其子，不为比；举其偏，不为党。"与此稍异。

考察他的试用情况。他曾经谈自己的亲身体会云："始吾于人也,听其言而信其行;今吾于人也,听其言而观其行。"(《论语·公冶长》)先时,孔子听人说了那样的话就相信他会有那样的行动,后来孔子是听了说话后还要考察他是怎么做的。因为光听其言往往是靠不住的。他举了两个实际的例子:"吾以言取人,失之宰予;以貌取人,失之子羽。"(《史记·仲尼弟子列传》)孔子说,如果以言取人的话,他差点让宰予蒙蔽了;如果以貌取人,他差点失去了高才生子羽。为什么呢?据记载,宰予"利口辩辞",能言善道,但不接受孔子教诲,竟然想改掉为父母行三年之丧的礼制;又懒怠嗜睡,白日昼寝,被孔子斥为"朽木不可雕也"。子羽,即澹台灭明,"状貌甚恶"。孔子初以为他材薄,后来他教授生徒,弘扬孔子之教,有弟子三百人,"名施乎诸侯"。可见,要认识一个人不能单听他的好言好语,也不能单凭他的长相外表,而应注重实际,注重真才实学。

信之任之,大胆用人。选贤举能,目的是用贤,让贤才发挥才干,起到"治国平天下"的作用,成就"博施济众"的伟业,而不是叶公好龙似的假尊贤,也不是储藏珍宝似地将贤才束之高阁。有贤不用与无贤相同。《说苑·尊贤》:子路问于孔子曰:"治国何如?"孔子曰:"在尊贤而贱不肖。"子路曰:"范中行尊贤而贱不肖,其亡何也?"孔子曰:"范中行氏尊贤而不能用也。"治国的要务在尊贤,但范中行氏尊贤而不用,达不到尊贤的目的。孔子认为,人君发现了贤才,就应当信之任之,大胆用之。要做到这一点,首先须在心理上放心,大胆放权,让贤才有充分的自主权,以便施展才华。郑简公好乐,但他任用子产,信任子产,子产无人掣肘,就将郑国治理得很好,小小郑国让诸侯各国也敬它三分。他曾对子产说:"饮酒之不乐,钟鼓之不鸣,寡人之任也。国家之不乂(安宁),朝廷之不治,与诸侯之不得志,子之任也。"孔子曰:"若郑简公之好乐,虽抱钟而朝可也。"(《尸子·治天下》,见《群书治要》)郑简公与子产分工明确,自己管饮食、歌舞、享受,子产管国事、朝纲、外交。结果,郑国大治。从郑简公的言论上看,他非常昏庸荒淫。

但从实际效应看，他大权下放，让贤者理政，这正是孔子称赞他的原因。孔子不主张革命，不主张夺权，但他希望平庸之君将权力交给贤人代管。其次，要很好地做到信之任之，大胆用之，还必须力排谮言，有始有终。相传尧欲传天下给舜，鲧出来反对，曰："不祥哉！孰（怎么）以天下而传之匹夫乎！"尧不听，举兵诛杀鲧于羽山之郊。共工又以相同的理由阻拦，尧仍不为所动，又举兵诛共工于幽州之都。于是，天下再也没有人反对传贤的事。孔子评价说："尧之知舜之贤，非其难，夫至乎诛谏者，必传舜，乃其难也！"（《韩非子·外储说右上》）知贤举贤困难，但得贤之后，不为诋毁所动，对贤者坚信不疑，更是难乎其难。三人成虎，虽曾子之母，汉文之君，犹自难免，何况他人乎！

唐太宗是中国历史上能知人善任、举贤用贤的一代明君，他曾说："有贤不用与无贤等，用而不信与不用等。"历史上许多昏庸之君有贤而不识，识贤而不用，用贤而不信……故亡国破家者有之。贤乎贤，家国之所系，生民之所望，岂可忽视！

第九章　不教而杀谓之虐
——仁者谈刑

　　孔子是仁人，是君子，还是圣人，仁人君子圣人谈刑吗？我们说，只要社会需要，孔子照谈不误。那么孔子是怎样谈刑的呢？是在什么情况下谈刑的呢？

第一节　"孔子诛少正卯"的是是非非

　　在先秦至两汉时期，盛传这样一则故事：孔子做大司寇，东折齐师，内隳三郡，赢得鲁国从上到下的一片喝彩，季桓子也十分信任他，两人配合默契，"三月不违"。后来，季康子干脆将执政之事也交给孔子代理，这就是史称"由大司寇摄行相事"。出人意料的是，孔子听政才七天，就诛杀了鲁国的知名人士少正卯。门人弟子多惑而不解，子贡问曰：少正卯是鲁国的知名人物，老师执政伊始，便杀了他，恐怕有些失策吧？孔子说："我告诉你原因吧，人间有五种比盗贼还严重的罪恶：一是见识高深，明白事体，但居心险恶；二是行为乖僻，专走邪路，并且态度坚决；三是宣传谬说，而又能言善辩，影响极坏；四是对丑言丑行，博闻强记，扰乱视听；五是行为虚伪，却冠冕堂皇，影响很坏。少正卯兼有这五种罪恶①。他居处足以聚集门徒，形成非法组织；言谈足

_____

　　① 原文见《荀子·宥坐》："一曰心达而险，二曰行辟而坚，三曰言伪而辩，四曰记丑而博，五曰顺非而泽。"

以粉饰邪说,迷惑人心;顽固得可以倒非为是,劲挺难拔。这是小人中的奸雄,不可不诛。"

这条记载不仅见于《荀子》,《尹文子·圣人》《说苑·指武》《刘子·心隐》《孔子家语·始诛》都有相同记载。《史记·孔子世家》和《淮南子·氾论》也提及此事,《史记》云"于是诛鲁大夫乱政者少正卯",称少正卯为"大夫";《淮南子》云"孔诛少正卯而鲁国之邪塞",将诛少正卯说成是孔子新政得以贯彻的重要措施。《论衡·讲瑞》又说:"少正卯在鲁,与孔子并,孔子之门三盈三虚,唯颜渊不去。"将少正卯作为当时与孔子唱对台戏的旗鼓相当的教学对手。

综合数家材料可知:少正卯是鲁国大夫,观点与孔子相左。两人对设学官,招徕听众。少正卯剑走偏锋,奇谈怪论,因才辩的雄奇和言论的新颖,夺走了孔子不少信徒。孔子执政推行新政,少正卯又出来捣乱。其人屡教不改,态度顽固,拉帮结派,成为比盗贼还凶恶的孔子新政之大敌、前进之阻力。孔子为了推行新政,首诛少正卯,以杀一儆百,肃清道路!

关于孔子诛少正卯,先秦、两汉乃至魏晋六朝文献皆无异说。但自唐杨倞注《荀子》,怀疑《宥坐》"以下皆荀卿及弟子所引记传杂事",从此开启怀疑《宥坐》内容真实性的论端,于是孔子诛少正卯的记载是否真实成为问题。后来王若虚《滹南遗老集》、阎若璩《四书释地又续》、崔述《洙泗考信录》、梁玉绳《史记志疑》都有专文驳辩,今人陆瑞家等人还著成《诛少正卯辩》专著。以上诸人都认为《宥坐》关于"孔子诛少正卯"不可靠。此外,海外学者也十分关注这一问题的讨论,纷纷撰文参加论战。现在看来,以孔子曾诛少正卯之事来否定孔子一生及其思想,当然是愚蠢的、可笑的。但是,若认为讲孔子诛少正卯就有损圣人完美的形象,因而一概加以拒绝,也是不可取的。因为肯定者或否定者,都没有找到比《荀子》更过硬的材料,如果仅仅从观念出发就否定或肯定历史记载的方法,都有悖于实事求是这条基本的求知原则。

且看否定派代表崔述的理由，《论语》"季康子问政于孔子曰：'如杀无道以就有道，何如？'孔子曰：'子为政，焉用杀？'……圣人之不贵杀也如是，焉有秉政七日而遂杀一大夫者哉！""《论语》《春秋传》……未尝一言及于卯，使卯果尝乱政，圣人何无一言及之？史官何得不载其一事？""非但不载其事而已，亦并未有其名。然则其人之有无盖不可知，纵使果有其人，亦必碌碌无闻者耳，岂足当圣人之斧钺乎！""春秋之时，诛一大夫，非易事也，况以大夫而诛大夫乎！"结论是："此盖申（不害）韩（非）之徒言刑名者，诬圣人以自饰，必非孔子之事！"

可见，崔氏先从概念出发（"圣人不贵杀"），然后列举了几条反驳的证据，但不甚劲挺。从相反的角度看一下，这几条理由似乎都有破绽：孔子固然说过"子为政，焉用杀"，但也说过"善人为邦百年，亦可以胜残去杀也"（《论语·子路》）；又说"王者必世（三十年）而后仁"（《论语·子路》）。可见不用刑罚是有条件的，好人治国百年才能去掉刑罚，王者当政三十年才能广行仁政。以德化民，需要时间，并非一朝一夕就能完成（参见刘宝楠《论语正义》卷十五）。孔子说"焉用杀"，并不是"不用杀"；孔子"不贵杀"也不是"不要刑"。治国安邦，必要的刑法是不可少的，何况孔子才为政七日呢？《论语》《春秋传》诸书未提此事，当别有隐情。二百四十二年间亡国破家之事甚多，《春秋》尚且不得一一俱书，疏漏此事，不足为奇，不能以诸书记载与否定其有无。况且，后来《礼记·王制》将少正卯五罪定为宪令，说明这一事件的用刑原则与儒家礼教并不相悖。至于说少正卯"亦必碌碌无闻者"，"岂足当圣人之诛"，却不是忘记了"少正卯鲁之闻人也"，"孔子之门三盈三虚"的记载了吗？至于"以大夫诛大夫"并非易事，确乎其然。但大夫有数等，贵族有掌权与不掌权之分，以一个身望日隆、独掌大权的大夫，杀一个仅会摇唇鼓舌、无权无势、落拓在野的"大夫"，恐怕也不是一件难事吧？孔子曰："攻乎异端，斯害也已！"（《论语·为政》)异端邪说一定要打倒,因为它影响真理(如果是真理的话)的贯彻,何况少正卯是个"言伪而辩""行僻而坚"的强劲对手呢。他不仅与孔子唱对台戏,而且弄得"孔子之门三盈三虚",是一个让孔子难堪恼恨的异端分子!可见,崔氏的四条理由皆有问题。

对"孔子诛少正卯"这样一个两千多年前的悬案,在缺乏资料、没有佐证的情况下,要做出精确考订,是极其困难的!我们认为,对于孔子这样的思想家,大可不必去为一些说不清的事硬性表态,而应该注意对其思想宝藏的开发。这里,我们也只考察孔子的刑法思想。通过分析和归纳,孔子的刑法思想有以下四个特点:重礼轻刑,先教后刑,轻杀重生,宽猛相济。

第二节　重礼轻刑——导之以德,齐之以礼

孔子有一则世人皆知的名言:

道(导)之以政,齐之以刑,民免而无耻;道(导)之以德,齐之以礼,有耻且格(正)。(《论语·为政》)

意即:用政令来引导,用刑罚来整治,人民畏刑免于犯法,但没有羞耻之心;用美德来引导,用礼教来规范,人民有羞耻之心,并且行为端正。政治法律的作用,在于先设禁,以严对人,人们知畏而免。子产云:"夫火烈,民望而畏之,故鲜死焉。"(《左传》昭公二十年)韩非说:"夫严刑者,民之所畏也;重罚者,民之所恶也。故圣人陈其所畏,以禁其邪;设其所恶,以防其奸,是以国安而暴乱不起。"(《韩非子·奸劫弑臣》)严刑峻法虽然可以防止人民犯罪,但人们只知恐惧,不知是非,没有耻辱之心,人成了法的奴仆,没有丝毫个性人格可言。《说苑·杂言》亦载孔子曰:"鞭朴之子,不从父之教;刑戮之民,不从君之政。"从民主的角度讲,棍棒教育是出不了好后代的,严刑峻法也培养不出文明的臣民。峻法的过分实施,有可能演变成苛刑,无罪而有罪,小罪而

大罚,法繁刑重,在所难免,因此为孔子所不取。他理想的为政措施是导德齐礼,用一种理想的道德人格来引导人民,感化人民,唤醒人民的良知,增益其善美之心,使其明于是非耻辱,依礼而行,个个由德而化,既不犯罪,又有人格的自觉与个性的尊严。这就是"有耻且格"。

怎样导德齐礼呢? 首先是"正名",然后是劝善。正名,即调整社会各阶级、阶层的名分与行为之间的关系,使其吻合,名副其实。即孔子对齐景公所说的"君君、臣臣、父父、子子",亦即荀子主张的"贵贵、尊尊、老老、长长"。孔子特别注重统治者自身的表率作用,认为:"为政以德,譬如北辰,居其所而众星共之。"而不要立足于刑法,忽略治本,而以刑杀为威。更不是上行贪暴,却责下清廉;上行残忍,而责下忠孝。

季康子问政于孔子,曰:"如杀无道以就有道,何如?"孔子对曰:"子为政,焉用杀? 子欲善而民善矣。君子之德风,小人之德草,草上之风必偃。"(《论语•颜渊》)季康子被盗贼弄得很苦恼,问计于孔子,孔子对曰:"苟子之不欲,虽赏之不窃!"这个道理很简单:上行下效,上梁不正下梁歪! 正如《说苑•贵德》所云:"天子好利则诸侯贪,诸侯贪则大夫鄙,大夫鄙则庶人盗。上之变下,犹风之靡草也! 然则民之盗贼,正由上之多欲!"国君好利,故屡禁奸而奸不止,屡倡廉而廉无踪! 无怪孔子要说:"其身正,不令而行;其身不正,虽令不从!"又说:"苟正其身,于从政乎何有? 不能正其身,如正人何!"(《论语•子路》)

其次是劝善。劝善,即"齐之以礼","礼乐兴"。因为在孔子那里,礼以仁义为内容,代表善言善行,仁为爱人,义为尊贤;仁为推己及人,义为上下等级;仁是广泛的施爱,义是恰当和适度。以仁义为内容的礼功用特大,礼教让人"恭敬庄俭"(《礼记•经解》),故知礼无叛:"子曰:'博学于文,约之以礼,亦可以弗畔(叛)矣夫!'"(《论语•颜渊》)礼教可以使人生慈善之心,"使之哀鳏寡,养孤独,恤贫穷,诱孝悌,选贤举能……则四海之内无刑民矣"(《大戴礼记•主言》)! 若让礼教形成风俗，那就更好了，否则，若无礼教之俗，虽重刑亦不可禁。相传孔子打了个比喻：

> 吴越之俗，男女同川而浴，其刑重而不胜（克服），由无礼也；中国之教，内外有分，男女不同椸枷（晾衣竿、衣架），不同巾栉（梳篦），其刑不重而胜，由有礼也。（《尚书大传》引子曰）

可见礼教有劝善防乱的功能。

但是，不能因重礼轻刑而引申出用礼弃刑，聪明实际的孔子从来不做那种蠢事。重礼轻刑，只有主次、先后之分，而无取此舍彼之意。孔子说："君子之道，譬犹防（堤防）与?"（《大戴礼记·礼察》）防，即堤岸。犹之乎水需要堤岸来约束，才不致泛滥一样，人的行为也需要君子之道来管束和引导。堤岸是水流之防，礼制乃人行之防。防的设置是预先的、主动的、积极的。但水有时而溢岸，人亦有时而越礼。越礼的行为就会干涉和影响他人的权利和自由，必然加以整治。于是刑法生焉，赏罚作焉。《左传》昭公二十五年说："礼，上下之纪，天地之经纬，民之所由生也。"《管子·心术》云："杀僇禁诛谓之法。"礼是积极主动的，引导型的，劝人行善走正路；刑法是消极被动的，强制型的，惩罚性的。《大戴礼记·礼察》云："礼禁将然之前，而法者禁于已然之后。"前者是牧师，后者是刽子手；前者是胡萝卜，后者是大棒……两者取长补短，相互为用。故有学者称中国是"礼法社会"，诚然。不过，礼的风化作用缓慢而微小，是无形之春风，是润物之雨露，不易被人察觉和注意；而法的惩治作用迅猛而明显，是有形的，雷厉风行似的，容易被人觉察和注意。许多统治者只看到法的威力，而看不到礼乐的潜移默化作用，虽然也能禁民为非，但并没有从根本上解决问题，此即"民免而无耻"。孔子比那帮昏君庸臣的伟大之处，正在于看到了礼教风化的作用，于众人皆瞀盲之处看到了细微的、事关全局、长治久安的内容，那便是礼教，这就是他主张重礼轻刑、先礼后刑、礼法结合的远见卓识，这就是他不赞成季康子以刑杀为威的原因。

孔子曰:"古之刑者省之,今之刑者繁之。其教:古者有礼然后有刑,以是刑省也;今也反是,无礼而齐之以刑,是以繁也。"(《尚书大传》)先礼而后刑故刑省,无礼而齐之以刑故刑繁,多么平凡的道理!

孔子曰:"听讼吾犹人也,必也使无讼乎!"(《论语·颜渊》)

又曰:"使吾听讼,与众人等。然能先以德义化之,使其无讼。"(《汉书·贾谊书》颜注引)

孔子曰:"使我狱讼,犹凡人耳。然能先以德义化之,使其绝于争讼。"(《汉书·酷吏传》颜注引)

谆谆教诲,反复明白,表达的是同一个意思:让我听理狱讼案件,我也同众人一样,依法办事而已。但是要问我的特别处,就在于以德导之,以礼化之,最终做到没有刑狱。可惜,后人并不完全(或不愿意)了解孔子的原意,善良的学者只看明白后半句,将孔子说成是只要礼不要刑的迂腐学究;而专制统治者又只读明白前半句,祭起子云"听讼吾犹人……"的亡灵。其实这些都不是孔子刑法思想的全部内容!

第三节　先教后刑——不教而杀谓之虐

《荀子·宥坐》有则故事说,孔子为鲁司寇时,有一位父亲控告儿子,孔子拘留之,三月不断案。其后原告撤诉,孔子就把被告(儿子)放了。季康子听了很不高兴,说:"这老头子欺骗我,教我要以孝治天下,现在他却把一个不孝之子放了。"冉求把季氏的话告诉了孔子,孔子慨然长叹说:

呜呼!上失之,下杀之,其可乎?不教其民而听(治)其狱,杀不辜也。三军大败,不可斩也;狱犴(狱讼)不治,不可刑也。罪不在民故也。嫚(不肃)令谨(严)诛,贼也;今生也有时,敛也无时,暴也;不教而责成功,虐也。已此三者,然后刑可即也。《书》曰:'义刑义杀,勿庸以即,予维曰未有顺事。'言先教也。

孔子说，统治者治国有失误，却对因这种失误而犯错误的下民严刑诛戮，这样行吗？不对人民进行教育却去听理因无知而发生的犯罪案件，就是杀不辜。三军大败，能够全部斩掉吗？法制没有很好地提倡，就不可滥用刑罚。政治和教化有失，其罪不在人民。政令不严而诛罚严，这是成心害人；生产有时而聚敛无度，就是暴政；不进行教化却责成其事，这是残酷的做法。将这三者清除了，然后才可以对不听令者用刑。这里的对话，不一定是当时实录，但其中"不教其民而听其狱，杀不辜也"，"嫚令谨诛，贼也"，"不教而责成功，虐也"诸句，与《论语·尧曰》孔子答子张问政时指出的"四恶"一致，"子曰：'不教而杀谓之虐，不戒视成谓之暴，慢令致期（到时兑现）谓之贼……'"可见，这些言论并不与孔子思想相悖。而《尚书》所谓"义刑义杀"，就是孔子先教后刑说的思想渊源。

在孔子看来，帝王将相，百官公卿，他们的价值不在于能够骑在人民头上作威作福，腐化享受，也不在于能够养尊处优，用等级来维系特权。一个统治者之所以有价值，就在于他们能够为人民谋福利，能为老百姓想到可以开发的利源，能帮助老百姓防止灾难的发生。他对人民是组织者，是管理者，他可以调配好辖下的人力、物力来安定社会，造福于人民。就像《左传》文公十三年说的："天生民而树之君，以利之也。"因此，君主和百官，他们在人民面前，犹师长，若父母，应当爱之护之，教之化之，教人民应做什么，应怎样做？他以身作则，教化天下。如果表率作用不够，才有刑罚和惩处。孔子曾论述表率与刑罚的关系说："先王陈之以道，上先服（力行）之。若不可（未见效），尚贤以綦（教）之；若不可，废不能以单（通惮，吓）之。綦（教）三年而百姓从风矣。邪民不从，然后俟（待）之以刑，则民知罪矣。""是以威厉而不试（用），刑错（废置）而不用，此之谓也。"（《荀子·宥坐》）先是以身作则，身体力行；其次是选贤举能，激励风俗；再次是废除不肖，警惧贪鄙；最后才对屡教不改的"邪民"施以刑罚。言教、身教，以百官教，正面教,反面教,不行,最后乃用刑罚来整齐之。

可是,现实社会却恰恰相反。"今之世则不然:乱其教,其民迷惑而堕焉,则从而制之,是以刑弥繁而邪不胜。"(《荀子·宥坐》)统治者自己把是非搞乱了,把教育搞垮了,自身腐败了,社会已无公理可讲,无是非可辨,统治者浑浑噩噩,人民惶惶恐恐,徘徊歧路,莫知所之。一旦这些无知的(但无罪)民众走入邪途,却又用严刑峻法处治他们,这无异于统治者预设陷阱让老百姓跳,无异于统治者亲手把人民推入火坑。这种做法岂不是扬汤止沸的蠢举吗? 其结果必然是"刑弥繁而邪不止"。

东汉思想家王符说:"是故上圣不务治民之事,而务治民之心。故曰:'听讼吾犹人也,必也使无讼乎!'"(《潜夫论·德化》)可谓得圣人三昧!

第四节　重生轻杀——古之听狱求所以生之

从前,商汤出巡,见罗鸟者设网四面,祝曰:"从天坠者,从地出者,从四方来者,皆来触吾网。"汤说:"嘻! 这样就把鸟抓绝了。若非夏桀,有谁这样做呢?"于是撤掉三面,改辞祝曰:"欲左者左,欲右者右,欲高者高,欲下者下,吾取其犯命者。"汉水以南的诸侯听到商汤如此仁慈,相率归附者四十余国。这便是"网开三面"的故事,见于《吕氏春秋·异用》及《史记·殷本纪》等书。网开三面,用意在于克服苛察缴绕的做法,实行宽惠之政,让人民在宽松自如的环境中生产、生活,避免动辄得咎,投足犯禁。

在司法上与网开三面思想相一致的,是孔子重生轻杀的慎刑主张。他说:"古之听狱者,求所以生之;今之听狱者,求所以杀之。"(《尚书大传》引)他说"古""今"有两种截然不同的司法精神:"古"者立足于无罪,总是找理由设法让被告生存下来;"今"者立足于有罪,网罗周织,力图将被告送上断头台。两种司法精神的侧重点、立足点不同,在具体办案中就会导致两种完全相反的结果:前者可能巨网失吞舟,让犯人逍遥法外;后者又可能捕风捉影、深文周纳,造成冤假错案。故孔子提出慎刑、省刑的主张,并认为省刑是本,繁刑是末:

孔子曰:"古之知法者能省刑,本也;今之知法者不失有罪,末矣。"(《汉书·刑法志》引)

他又说:

有虞氏不赏不罚,夏后氏赏而不罚,殷人则罚而不赏,周人则罚且赏。罚,禁也;赏,使也。(《太平御览》卷六三三载《慎子》引)

又说:

语曰:"夏后氏不杀不刑,罚有罪而民不轻死,死罚三千鏷(zhuàn,重量,六两)。"(《尚书大传》)

这里所说的历代赏罚情况不一定准确,但它们表明了孔子崇尚轻刑慎罚的愿望。孔子希望现实中从慎罚省刑开始,日益减少用刑数量,最终达到"有虞氏不赏不罚"的境界,实现其"善人为邦百年,亦可以胜残去杀","四海之内无刑民","必也使无讼"的理想社会。

第五节 礼刑并用——宽猛相济

礼禁于未萌,刑施于已然。重礼也好,重教也好,省刑也好,只可求得社会的大体和谐和民众素质的相对提高,但不能彻底排除越礼犯法等奸诈之徒产生的可能。教化是一个收效缓慢的过程,"王者必世而后仁","善人为邦百年",才可以"胜残去杀"。但是"胜残去杀""无讼""无刑民",只是一个理想中的境界,是存之于人心的涅槃,是久困于狱事之中的统治者、挣扎于死亡线上的民众都向往的"大同世界",也是一个没有犯罪才不用刑罚的社会。

但是，由现实通往理想之路还是一个漫长的黑夜，那里还存在以强凌弱、以众暴寡、上篡下僭，礼坏乐崩，盗贼奸宄，无恶不作……它们是君之敌、民之贼、礼之蠹，是社会的害群之马，是教化的反动力量。对于这些，孔子不会熟视无睹，姑息养奸，过早地将理想搬之于现实，将有罪说成无罪。他也不会愚蠢地放下刑罚这把清除腐朽、保护社会肌体健康的手术刀，而过早地歌舞"刑措不用"的虚假升平。孔子有"无讼"的理想，但也有"听讼吾犹人"的实际精神。正如他在政治上内心向往着"大同"，脚底却立足于"小康"，希望继续前进，实现"大同"一样。在刑罚问题上，孔子也是心想"无讼"，实际执行着慎罚省刑，最后达到"胜残去杀"。他并不主张在现实生活中完全废除刑罚，而是主张倡之以礼，刑之以法，宽猛手段互济互补。这是非常实际的，也是非常可行的。

《左传》昭公二十年记：郑子产死后，子大叔不忍猛政，仍行宽政，结果郑国多盗，啸聚山林。大叔悔之，兴兵攻盗，尽杀之，盗贼渐稀。孔子闻之曰："善哉！"并发议论说：

> 政宽则民慢(无礼)，慢则纠之以猛；猛则民残(受虐)，残则施之以宽。宽以济猛，猛以济宽，政是以和(和谐)。

"宽"指放松统治，减轻控制，但如果不在礼教中进行，或者贯彻礼教有偏差，人民就会因不知规矩而越礼犯法，这就是"慢"。"猛"指雷厉风行，依法从事，这是惩治越礼犯法行为的补救措施。若用单纯猛政来治民，将使民不聊生。因此，当猛政足以纠偏时，要不失时机地改施宽政，以便使人民休养生息。以宽养民，以刑纠偏，礼法并用，这正是孔子刑法思想的灵活运用。

孔子用法，其特别处不在于借助具体条款来断理案件，《史记·孔子世家》说："孔子在位听讼，文辞有可与人共者，弗独有也。"在处理案件时，在判上并无与众不同之处。孔子的特殊处，在于善于利用刑法莫测的神圣威力，形成一种先声夺人、荡涤污泥浊水的庞大气势，起到未申而法已严、不刑而乱已禁的效果。

"唯名与器，不可假人"，刑法亦然。公元前513年，晋国铸刑鼎，将范宣子刑法铸在鼎上，公诸于世。孔子评议曰：

> 晋其亡乎？失其度（规矩法度）矣。夫晋国将（当）守唐叔之所受法度，以经纬（统治）其民，卿大夫以序守之，民是以能尊其贵，贵是以能守其业。贵贱不愆（越位），所谓度也。……今弃是度也，而为刑鼎，民在（注意）鼎矣，何以尊贵？贵何业之守？贵贱无序，何以为国？

后人多利用这段材料论证孔子反对成文法，其实不然。在孔子看来，人民的权利就是依礼而行，就是遵守统治者合乎礼制的指教。贵族以及各级统治者的本钱，不仅仅是祖先遗传的爵禄和家产，而且更重要的是他们握有平民无从知道的量刑定刑的刑法。他们有教导人民做什么、怎样做的义务（即"导之以德，齐之以礼"），又有惩治不依教、不行礼者的权威。礼，教人该做什么，怎样做，这有明文规定。但当违礼犯禁后，定什么罪，量什么刑，却藏之于秘府（并非无成文），断之于宸衷，让人民有一种莫测高深的畏惧感。可是晋国公开了，该当何罪，应受何刑，条条款款，章章在鼎，贵族和统治者把老底都交给了众人，还有何神秘和权威性可言？因此，孔子说，晋国的卿大夫失去了自己的神圣职权，人民都知道了刑法的内容，统治者失去了自己神威的资本，还有什么威信？明文在鼎，法总有漏洞，难免刁民钻法的空子。在上者无威信，在下者钻空子，天下还不乱吗？因此，孔子说晋国离灭亡不远了。

孔子善于运用刑法神秘性，灵活使用赏罚二柄，治理天下，达到罚不行而奸已止的效果。相传鲁国都城附近的沼泽失火，北风呼啸，火势向南蔓延，威胁着都城曲阜的安全。鲁哀公亲自率众灭火，哪知人们追逐野兽去了，火势却越来越猛。哀公召见孔子，孔子曰："逐兽者乐而无罚，救火者苦而无赏，此火之所以无救也。"哀公曰："善。"孔子曰:"事急,不及以(用)赏;救火者尽(全)赏之,则国不足以赏于人。请徒(只)行罚。"哀公曰:"善!"于是孔子下令曰:"不救火者,比降北(战败逃跑)罪;逐兽者,比入禁(进入禁苑)罪。"令下还未传遍,火已经被扑灭了。(《韩非子·内储说上七术》)这则故事可能系韩非假托,却与孔子议刑鼎的思想一致。不救火者,当成投敌和逃跑处理;逐兽的,当成擅入禁苑处理。这在刑法上未必有此条文。如果当初鲁国也把刑法公诸于众,众人必然会以孔子之令为戏言,不予理会。但这样宣布,在当时却是十分必要的。也许这正是孔子反对将刑法公诸于众的妙用所在。

用不测之刑,行不测之赏,威重而民服,奸宄敛迹。相传鲁国有沈犹氏者,早晨将羊灌饱了水以欺市人;有公慎氏者,娶妻而淫荡不止;有慎溃氏者,奢侈骄纵;又有鲁国市场卖牛马者,多高抬物价……但一听说孔子当司寇,沈犹氏不敢朝起灌羊以水了,公慎氏将妻子休掉了,慎溃氏越境远逃了,鲁国卖牛马的都不敢高抬物价……这段记载最早见于《荀子·儒效》,后来《史记》《新序》都有类似的说法。如果其说不虚,当与孔子一生提倡教化、主张行不测之刑有关。

在理想上是"无讼""胜残去杀",在现实中是省刑慎罚。用德政来感化人民,用礼教来移风易俗。民俗敦厚,人心向善,减少犯罪,减省刑罚。坚持不懈,长久努力,最后达到"刑措不用"的境界。着眼点在爱民,在生民,在教民,而不是残民、杀民、虐民,但又不放弃刑罚,姑息养奸。用礼、用教来积极预防,用刑用罚来纠敝补偏,这就是孔子灵活的刑法思想,值得后人深思汲取。

第十章　中华国粹
——孔子论孝道

　　1982 年,孔子两千五百三十三年诞辰纪念大会在旧金山金门公园举行,美国总统弗·里根专函祝贺,赞曰:"孔子高贵的行谊与伟大的伦理道德思想,不仅影响他的国人,也影响了全人类。孔子学说世代相传,提示全世界人类丰富的做人处世原则!"作为一位中国人,特别是一位用不着阿谀奉承的中国古人孔子,能在民主与科学都相当发达的美国,赢得其总统如此崇高的赞赏,这在世界历史上也属罕见。孔子的思想是多方面的,弗·里根总统单单举出孔子"高贵的行谊"和"伦理道德思想",想来作为孔子伦理道德基石的"孝道",当亦是深得这位年届古稀的异国总统所赞许的,也是不满于年轻人缺乏敬老爱老意识的美国老人们所乐闻的。可见,孝的情感是温馨的、令人陶醉的,由古代的东方,浸润渐衍至于当代的西方,真不愧是超越时空的情感,具有永恒和普遍的价值! 曾子称赞"孝道"是放之四海而皆准的情感,果然不错!

　　然而,将孝作为人伦的基点,作为立身之本;将孝作为一种社会公德,形成敬老爱老、以老为权威的社会风气;将孝作为立国之本,甚至以孝治天下……却是中华国粹,外国弗能有也! 这一国粹的形成,则与孔子的提倡分不开。(《说苑·建本》孔子说:"立身有义焉而孝为本。")

第一节　孝的释义

从词义上考查，"孝"字与老、教、敩、学、效、校，古音相近，意义相关，可视为一组同源词。"孝"字从老从子，一则表示孝之事发生在青年(子)与老年(老)之间，孝与老同源。二则表示教育，其字老者居上，少者居下，意即"老年为典型，少年之师范"，故孔子曰："夫孝，德之本也，教之所由生。"(《孝经》)明确指出教育、教化起于孝。《礼记·王制》："有虞氏养国老于上庠，养庶老于下庠。"《孟子·滕文公上》："庠，养也。"赵岐注："养者，养耆老也。"《礼记·礼运》："三老在学。"可证，以老人居学以教弟子，乃中国上古教育之实况，而国学养老的目的即在于教育。教育是授受关系，是教者和学者互相活动，故自老者言之，为"教"为"敩"，为施教；自少者言之，为"学"为"效"，为受教。至于"校"，与"庠""序"皆同音声转，为施教之所。可见，孝与教、学、敩、效、校同源而近义。

从孝字到教、敩、效、校字形的演变可以看出上古中国教育的发展史，也可看出"孝道"演变与形成的简单历程。

首先有"孝"，老年为青年之师长、楷模，身教言传，身教为品德方面的榜样，言传乃知识方面的教诲，身教为人伦，言传为道艺。后来，孝遂分出人伦和道艺两途。人伦方面仍称"孝"，知识方面改称"教"或"敩"。从青年人角度看，人伦的模仿为"效"，知识的吸收为"学"。民生之初，老年人兼具品德和知识的优势，足以成为后生之师范，在自由、平等的原始社会里，这老少之间的言传身教、效法学习，是十分和洽愉快的。孔子曰："是故其教不肃而成，其政不严而治。"(《孝经》引)即是这种轻松教育的形象说明。随着剥削和压迫的产生，社会上世风日下，人心不古，老年人在知识和品德方面不再那么纯粹，不足以厌服青年之心，于是人为的权威出现了，"孝""学"被加上"攴"(鞭扑),成了"教""敦""效",教与学带有强制内容,不再那么和谐平等了。就像政治的本义是"正"(孔子曰:"政者,正也。"),即统治者先正自己,然后才能正天下。由于统治者不能正自己,不能以表率的作用正天下,故特加以鞭扑(攴),成了"政"字。这里,哪还有"其教不肃而成,其政不严而治"的影子!

社会上有些人坑蒙拐骗,弱肉强食,无恶不作。社会这个本来十分理想的大课堂,再也不能作为教育和培养青年的场所了。于是设立学校,将其用木栅栏围起来,外加一道泮水,让青年与世隔绝,去接受那种经过提纯了的经典化教育,于是产生了"校"(或庠、序)的形式,这种形式一代又一代传了下来(有趣的是古代刑具也称"校",《周易》"荷校灭趾"),"孝"也变成了青年人对老年人的绝对服从:"五刑之属三千,不孝为大。"(见《孝经》)而它原有的老年人做出榜样让青年人学习和效法的本义,便泯灭无存了。这亦是历史所迫,时势使然。

第二节　孝道与鲁国政治特色

孔子之所以形成以孝为基础的思想,与他所处的历史背景和成长土壤有关,特别是与鲁国"尊尊亲亲"有直接关系。

《吕氏春秋·长见》载,"吕太公望封于齐,周公封于鲁,二君者甚相善也。相谓曰'何以治国?'太公望曰:'尊贤上功。'周公旦曰:'亲亲上恩。'太公望曰:'鲁自此削矣。'周公旦曰:'鲁虽削,有齐者亦必非吕氏也'"。《汉书·地理志》亦有相同记载。

这里,揭示了齐鲁两国不同的治国原则。齐国以"尊贤尚功"为基本国策,具有功利性质。鲁国则以"尊尊亲亲"为基本国策,重视伦理道德。鲁国重视伦理的结果,是脱不掉沉重的人情关系,能人贤人不被重用,国力日益削弱;齐国尊贤尚功的结果,是国力富强,称霸天下。但是,齐国尚功,给野心家可乘之机,而疏远亲旧,又无公族辅翼,故齐国传了二十四君之后,即被权卿田氏取代了。鲁国崇尚亲亲,故公族一直是辅政的力量,很少出现弑君现象,也没有被别姓移鼎,共传了三十四代。

《论语·微子》亦载:

> 周公谓鲁公(伯禽):"君子不施(弛,疏远)其亲,不使大臣怨乎不以(用),故旧无大故则不弃也,无求备于一人。"

周公封于鲁,自己留在京都洛阳辅佐周王,派儿子伯禽赴任治国,临行,周公传授伯禽四条治国方略:一是不要疏远亲属,不要冷落大臣,不要无故疏远故旧,不要求备于一人。其中"不施其亲"即《吕氏春秋》所谓"亲亲尚恩",周公将它置于四诀之首,充分体现了鲁国政治的伦理色彩。

由于周公的提倡,鲁国从上到下都十分注重伦理,形成了以孝道为特征的民风民俗,强调对老人的尊敬和顺服。

受父母之邦文化熏染,孔子的思想言行也打上了浓浓的孝的烙印。《荀子·儒效》曰:"孔子在州里,笃行孝道。居于阙党,阙党之子畋(猎)渔,分有亲者得多,孝以化之。是以七十二子自远方至,服其德也。"孔子受鲁国孝文化的影响,在州里亲身行孝,与阙党之子打猎,对有老亲的人多分一些,这样又影响了风俗,招来了弟子,促成了孝道美德的普及和推广。

第三节 孝弟为仁之本——孔子论孝

孝虽是鲁国传统,但将孝加以大力提倡,特别是对孝进行系统阐述者,却始自孔子及其弟子。孝的功能是什么,孝在人生修养中的地位怎样,怎样对待老人才是孝,行孝时有什么注意事项等方面,孔子都作了简明扼要的说明。

孔子认为,孝是人伦之本,是德行之本,是为政之本。在个人修养

上,他要求人们从行孝做起;在从政方面,他主张从倡导孝道上做起。孔子曾向弟子指示修身次第曰:

> 弟子入则孝,出则弟(悌),谨而信,泛爱众,而亲仁(仁人),行有余力,则以学文。(《论语·学而》)

进家门对亲人行孝;出家门对长辈敬顺;言语谨慎,严守信用;博爱众人,亲近仁人;这些伦理道德做好了,行有余力,才学习礼乐文章。

为什么修身要以行孝为始,因为仁德的本质就是孝:"仁者人也,亲亲为大。"(《礼记·中庸》)仁德的首要任务是亲亲,孝就是对亲人的热爱。有了对亲人热爱的孝心,然后将这份爱心推而广之,"老吾老以及人之老,幼吾幼以及人之幼"(《孟子·梁惠王上》)。引爱亲之心以爱天下之人:你爱我的亲,我爱你的亲;你爱我的儿女,我爱你的儿女。天下之人成了一家,还会有争夺之事发生吗?

推而广之,将孝道推向社会,还有更为广泛的好处。有子曰:"其为人也孝弟,而好犯上者,鲜矣。不好犯上而好作乱者,未之有也。君子务本,本立而道生。孝弟也者,其为仁之本与?"(《论语·学而》)孝道,始于亲亲,顺至尊长,进而忠君。亲亲,尊长,忠君,故不会犯上。不犯上,当然也就不会作乱。个人修养从行孝做起,就可以培养仁爱之心,成为仁人;对孝道的提倡者,通过提倡孝道而达到天下团结,就实现了仁政。孝就是修身的根本,也是为政的根本。君子治世,就要从根本入手,根本一定,枝叶必繁。君子抓住孝这个根本,必然使仁道大行于天下。《论语》说"有子之言似孔子"。有子关于孝之功能、孝之地位的论述,必定不悖于师训,故其"孝为仁本"的命题,就是孔子孝道思想的准确表达。

既然孝在政治上有这些功能(不犯上、不作乱),统治者就要加以开发和利用,以便"移孝为忠"。"移孝为忠"有两个途径,一是劝人民将亲亲的孝心转移为事君的忠心;二是统治者力行孝道,赢得人民的好感。《孝经》曰:"夫孝,始于事亲,中于事君,终于立身。"在专制统治者心目中,国家好比大家庭,国君就是家长,《诗》云:"恺恺君子,为民父母。"故"君父"连词。对父亲的孝,移之于君,便是忠。父死,孝子服孝三年。同样,"资(借)于事父母以事君而敬同","故为君亦服丧三年"(《礼记·丧服四制》)。此外,出于上行下效的考虑,孔子认为"移孝为忠"的最佳办法是统治者身体力行,自己先服孝道,做出榜样。季康子问:"使民敬,忠,以劝(鼓励),如之何?"孔子曰:"临(莅临)之以庄,则敬;孝慈,则忠;举善而教不能,则劝(受鼓舞)。"(《论语·为政》)"孝慈,则忠",孝是对长而言,慈是对晚辈而言,都是亲亲的情感。统治者在自己家里尊长爱幼,就可换得人民对他的忠心。齐家又治国,一箭双雕,何乐而不为呢?故孔子认为行孝就是为政的内容之一。他曾说:"《书》云:'孝乎惟孝,友于兄弟,施于有政。'是亦为政。"(《论语·为政》)

《孝经》进而赋予孝道天地法则的神秘性,说人们行孝就是法天则地,合乎规律,顺乎自然,教化用不着威猛就成功了,政治用不着严厉就大治了。说:"夫孝,天之经也,地之义也,民之行也。天地之经,而民实则之。则天之明,因地之利,以顺天下,是以其教不肃而成,其政不严而治。"由于鲁国以亲亲为治本,故无弑父之炽;汉朝以孝治天下,故无杀君之烈。因此,沉溺于"梨园子弟"轻歌曼舞的唐玄宗,尽管可以"不早朝",但不能不且停箫管,注释《孝经》,以阐发那"以顺移忠"(《孝经序》)的微言大义。

孝是仁之本,政之本;可以经天地,纬邦国;明教化,和人伦,安社稷。实行孝道,实在是兼教化和政治而双获的事情。那么怎样才能做到孝呢?

《孝经》引孔子曰:"孝子之事亲也,居则致其敬,养则致其乐,病则致其忧,丧则致其哀,祭则致其严。五者备,然后能事亲矣。"《孝经》据说是曾子所传孔子之言,曾子亲受于孔子,其中所引孔子的言论,当与孔子本意出入不大。这段话是孔子论孝道内容的纲领,他将

"孝"的内容分为五种:平日居家要对老人尊敬,奉养老人要使其快乐,老人病了要为之担忧,老人死了要尽哀悼之心,祭祀时要严肃认真。只有做到了这五件事,就可以算是尽孝了。如果将这五项归类,约有三大主题,即物质奉养、态度恭敬和丧祭依礼。

子夏问孝,孔子曰:"色难。有事,弟子服其劳;有酒食,先生馔(享用)。"(《论语·为政》)色难,要求和颜悦色,态度恭敬;有事弟子服劳,即帮助老人;有酒食先生馔,即对老人物质奉养,这是对"养则致其乐"的具体说明。分属于供养和态度两类。

有人简单地认为,尽孝就是为老人提供食品,而不注意态度和方式方法,孔子不以为然。子游问孝,孔子曰:"今之孝者,是谓能养,至于犬马,皆能有养,不敬,何以别乎?"(《论语·为政》)他说,今之人讲孝就说是养活老人,至于犬马也能致养,如果奉养老人而没有敬意,这与犬马之养有什么区别呢?这是对"居则致其敬"的说明。有养而无敬,则与豢养普通动物无别。居则致敬,养则致乐,才算是孝。如果致养而不能使老人快活,就算不得孝。在敬与养两者之间,孔子甚至认为致敬比致养还要重要。《礼记·檀弓下》载,子路为无钱养亲而感叹说:"伤哉贫也,生无以为养也,死无以为礼也。"孔子说:"啜菽饮水,尽其欢,斯谓之孝。"只要能够让老人高兴,就是吃杂豆食物,喝清水,也称得上是孝。从老年心理学的角度看,人老年迈,体弱多病,生活缺乏自理能力,他们感情脆弱,情感上容易受到伤害。孝敬老人,态度和容色的恭顺与否,往往比实物的丰盛与否更显必要。因此,孔子特别强调态度的重要性。

有养有敬,若行不由礼,越礼犯禁,也是要不得的,故尽孝也需要节之以礼义。孟懿子问孝,孔子曰:"无违。"又说:"生事之以礼,死葬之以礼,祭之以礼。"(《论语·为政》)尽孝之时,不论物质的提供,还是态度的恭顺,甚至死后的丧祭,都不能任意妄为,而应符合礼义,依礼而行,这是对"丧则致其哀,祭则致其严"的具体说明。丧礼尽哀、祭神如神在,正是孔子礼教思想的内容之一。

年老身弱,容易生病,孝子还应随时为老人的身体担忧。孟武子问孝,孔子曰:"父母唯其疾之忧。"(《论语·为政》)这是对"疾则致其忧"的注解。孔子告诫为人子者,要时刻记住父母的年龄,提醒自己及时尽孝。他说:"父母之年不可不知也,一则以喜,一则以忧。"(《论语·里仁》)记住父母的年龄,一方面对父母高寿而高兴,一方面也为父母年迈而担忧。

此外,出于对父母养育之恩的报答,儒家还要求孝子不要毁伤自己的身体,因为"身体发肤父母所授";不远离父母,即使不得已远离也要报告自己的位置:"父母在,不远游,游必有方。"父母在的时候,不要玩亡命的事,即使是对朋友也不要轻许以死:"父母存不许友以死";死后服三年之丧;光祖耀宗("立身行道,扬名后世,以显父母,孝之终也")等。《孝经》还根据社会地位,划分行孝的等级和具体内容,有所谓天子之孝、诸侯之孝、卿大夫之孝、士之孝、庶人之孝等。

第四节　几谏——孝子的禁忌

在孔子那里,孝道是一种理智的、有原则的对老人的爱,与后来所谓"君要臣死,臣不得不死;父要子亡,子不得不亡"的横蛮理解迥然不同。孔子的孝,是以"君君、臣臣、父父、子子"的等级名分为前提,首先要求长辈自节自律,做一个合格的长辈。就像"臣事君以忠"首先以"君使臣以礼"为前提一样,子孝亦当以父慈为前提。要求子女事亲尽礼,同时也要求长辈言行中礼。如果长辈违背礼制,甚或有不义之举,切不可愚忠愚孝,同流合污,也不可听之任之。遇到这种情况,孔子说晚辈有劝谏的义务,只是要注意方式和方法。

《论语·里仁》载孔子曰:

　　"事父母,几(婉转)谏。见志不从,又敬不违,劳(忧愁)而不怨。"

《孝经》亦载曾子曰:

"敢问子从父之令,可谓孝乎?"子曰:"是何言与? 是何言与? 昔者天子有争(谏诤)臣七人,虽无道,不失其天下;诸侯有争臣五人,虽无道,不失其国;大夫有争臣三人,虽无道,不失其家;士有争友,则身不离于令名;父有争子,则身不陷于不义。故当不义,则子不可以不争于父,臣不可以不争于君。故当不义则争之,从父之令,又焉得为孝乎?"

《礼记·内则》说:

"父母有过,下气怡色,柔声以谏,谏若不入,起敬起孝。说则复谏。与其得罪于乡党州闾,宁孰谏?"

"君子成人之美,不成人之恶。""孝子扬父之美,不扬父之恶。"(《穀梁传》隐公元年)人非圣贤,孰能无过,父母也不例外。"事父母几谏","当不义则争之",形式上似乎违拗了父母的意志,但实际上制止了父母的不义之举,成全了父母的德行美名。这同样是出于"君子成人之美,不成人之恶"的仁人情怀。只是,父母毕竟是父母,孝子在进谏时要特别注意态度和方法。

相传曾子曾给瓜苗耘草,误伤瓜根,其父曾皙很生气,一棒把曾子打晕了。许久,曾子才苏醒过来,还怕父亲担心,援琴弹之,以示无恙。孔子听后非常气愤,告诫门人:"曾参若来,不要让他进屋!"曾子觉得很委屈,孔子说:"汝不闻瞽叟有子,名曰舜? 舜之事父也,索(寻)而使之,未尝不在侧;求(找)而杀之,未尝可得。小笞则待(等),大笞则走(跑),以逃暴怒也。今子委身以待暴,立体而不去,杀身以陷父不义,不孝孰是大乎! 汝非天子之民邪? 杀天子之命奚如?"这个故事见于《韩诗外传》卷八、《说苑·建本》。情节可能与事实有出入,但所表达的思想与孔子毫无二致。孔子的孝道是有原则的,其原则就是义;孝是有准绳的,其准绳就是礼。合乎义、合乎礼的事就顺从,否则就劝谏,就回避。愚昧盲从,不是真正的孝子行为。

愚忠愚孝,乃忠臣之大忌,孝子之大忌!

第五节　余话——孝思寻源

上文我们对孝的本义、孔子孝道思想的内容作了概括性阐述,这里再对孝道产生的历史文化背景赘述一二。

孝的系统思想当然应始于孔子,但孝作为一种被社会普遍接受的人伦观念,不是某个圣人一朝一夕的灵感发现或心血来潮,而是人类历史发展的产物。孝道不仅带有氏族社会血缘纽带浓厚的亲亲之情,而且打上了阶级社会旨在保证家族稳定和财产权利顺利传递的宗法制的烙印。同时,孝的观念还反映了在中国这个农业国度里,人们对知识和能力的尊重和追求。

在游牧民族那里,人们以鞍马为家,逐水草而徙,"宽则随畜田猎禽兽,急则人习战攻以为侵伐",力量便是一切,有力量便拥有一切,无宫室、城廓可继,亦无财富、知识可传,恶劣的环境和生存的需要,迫使他们不得不"贵壮健,贱老弱",使"壮者食肥美,老者饮食其余"(《史记·匈奴列传》)。在那里,"七十者衣帛食肉","斑白不提携"(《孟子·梁惠王上》)的理想,简直是不可思议的天方夜谭,是非常可笑的。因此,很难在游牧社会中形成尊老爱老的"孝道"观念。无论是历史的记载,还是现代人类学的研究结果,都证明如此。

农业社会则不然,他们聚族而居,乐土重迁,有城廓、沟池、山林、田土等不动产以及粮食、丝绸、珠玉等可动产,由于财产继承关系,必然要求下一代对上一辈绝对恭顺。特别是从事农业生产所必需的各种知识,诸如天文、历法、山川、水土、种植、畜养等,需要人们代代相传,不断积累。在文化还不发达的古代社会,知识还没有脱离人的载体得到独立保存,上一辈就成了下一辈的知识仓库,老年人成了青年人取法的师长和学习的课本。"虽无典型,犹有老成"的古训,正是这一实际的真实反映。直到春秋战国时期,这一遗风犹存而未改,《荀子·法行》所谓"老而不教,死无思也",以及儒家典籍中关于国学养三老以教国子的记载,就是以老为学的历史证明。

可见,"孝道"观念既具有氏族社会就产生了的亲亲之情,此乃人类共性;也具有宗法制特征,这是中国社会的个性;还具有生活在农业社会中的中国人民尊重知识和才能的意识,这是中华民族的优良传统,不失为中国文化的国粹!"孝道"观念经孔子提倡、阐释得到发扬光大。因此,我们说以孝治天下是中国文化的一大特色亦可,说孝道思想是孔子对中国历史的一大贡献也未尝不可。

第十一章　敬鬼神而远之
——迷信主题的理性思考

　　生生,死死,鬼鬼,神神,吉吉,凶凶,这些从人诞生起就困扰着人类的问题,无时不干扰着人们的思维,无时不影响人们的进取。孔子的时代是智性初启、秘信依旧的时代,孔子生于其中,不可能不受时代思潮的影响,不可能不对充斥于思想界的神秘之学有所论评。那么,作为一代伟人的孔子,又是怎样看待鬼神问题的呢?

第一节　死后知与无知的二难定义

　　与对天命的态度颇不一致,孔子对鬼神世界以及进入鬼神世界的门槛——死的问题,抱着回避态度,谨慎而不加评论:"子不语怪、力、乱、神"(《论语·述而》)。如果说天命是一种客观必然性和超人的道德力量,是人必须尊奉的话,那么,天命在上,人们则而法之,奉而行之就够了,天命既知,天道已明,重要的是切切实实的人事的努力,这里没有必要再为名目繁杂、法力各异的诸色神众的存在与优劣去多费脑筋,更不值得为神的喜怒、鬼的祸福做过多的忧惧。天命在彼,人事在此,只要天人相互顺承赞助,百事可毕,诸神就成了多余的角色。

　　因此,当子路问侍奉鬼神和生死之事时,孔子曰:"未能事人,焉能事鬼?"又说:"未知生,焉知死?"(《论语·先进》)未能对在生的人事奉好,还奢谈什么敬鬼之事呢? 现生的事都还没有思考好,还能知道死后的事吗？事鬼、死知，与现实相比，不能不居次要地位。现实的事都够人们忙碌的了，还顾得上去谈鬼神和死后的事吗？言下之意，就是要求人们注重现实，不要去为说不清楚的神秘之事伤脑筋。

关于死的问题，主要是如何对待当时普遍存在的死后有知还是无知之疑的问题。《说苑·辨物》记载云：

> 子贡问孔子："死人有知无知也？"孔子曰："吾欲言死者有知也，恐孝子顺孙妨生以送死也；欲言无知，恐不孝子孙弃不葬也。赐欲知死人有知将（还是）无知也；死徐自知之，犹未晚也。"

孔子为什么不直接回答死后有知无知的问题呢？主要是出于实际效用的考虑。他说：我想说死后有知，又怕孝子顺孙们厚葬久丧，影响生计；我想说死后无知吧，又怕不孝子孙连他父母的丧事都不办了。由此，我们不难体会出，孔子对于死后有知是持存疑态度的，但又不便明说。主要是由于人们的道德素质普遍有待提高，对一些信仰领域的事情，如果过早作出违背时代认识水平的无神论解释，反倒有违时俗，造成不良影响。在他看来，知道天命、明确使命的人，他已是一个独立于自然而又顺应于规律的自由人了。他已经洞察了支配万物生灭死绝的必然性，也清楚地了解了人在宇宙体系中的地位和使命，进入了一个超达于万物，摆脱了怨恨（"不怨天，不尤人"）、懊悔和恐惧（"内省不疚，亦夫何忧何惧？"），进入了高智慧、高情调的仁智境界。即使是死的恐惧，也可以从人类在宇宙秩序中的位置和万物生灭的必然性中得到克服。

斯宾诺莎说："自由的人最少想到死，他的智慧不是关于死的默念，而是关于生的沉思！"生固然可爱，但那不过是宇宙秩序中的一种暂时现象；死固然可惜，但那也是宇宙秩序中的一种必然现象。生犹来，死犹归，一来一往，同为宇宙之运行；有来必往、有往必归，纯属客观之必然。孔子对生命固然十分热爱、珍惜、赞赏、歌颂，但对死也抱着达观自然的态度，没有沮丧，没有恐怖。以生为行，以死为息，一个勤奋的人,在生劳劳碌碌,正好以死为休息,犹子贡所云:"大哉!死乎!君子息焉,小人伏焉。"(《荀子·大略》)《庄子》也说:"夫大块载我以形,劳我以生,佚我以老,息我以死。故善吾生者,乃所以善吾死也。"生固可喜,死亦无惧。一个尽了自己努力,做了该做的事情的君子,对于死,坦坦荡荡,无所畏惧,他正好是一种休息。而对于苟且偷生、庸庸碌碌无所作为的小人来说,由于对人生的贪恋,就对死怀着惴惴不安的心情,死是一种可怕的不得不接受的惩罚。君子死且无所惧,死后有知无知,鬼神世界的阴森恐怖,就不屑一顾了。孔子关心的是在生的业绩和身后的令名,是尽人事,顺天命,救现世,遗来思,表现出极高的理智的、旷达的人生观。

第二节　敬鬼神而远之

基于这样的人生观,孔子对当时盛行的各种宗教活动的实际效力持怀疑态度,认为过分沉溺其中,无补于人事。孔子患病,子路请祷,孔子曰:有诸?子路曰:有之。诔曰:"祷尔于上下神(天神)祇(地神)。"孔子曰:"丘之祷久矣。"(《论语·述而》)言下之意:若果真灵验我早就祈祷过了,又怎么会患病?

《新序·杂事五》记载鲁哀公向孔子询问风水术士所说向东扩建宫室("东益宫")不祥之事,孔子曰:"不祥有五,而东益不与(不在内)焉。夫损人而益己,身之不祥也;弃老取(娶)幼,家之不祥也;释(弃)贤用不肖,国之不祥也;老者不教,幼者不学,俗之不祥也;圣人伏匿(隐居),天下之不祥也。故不祥有五,而东益不与焉。"损人利己是人身之灾,弃老娶幼是家庭之灾,远贤不用是国家之灾,不注重教育是风俗之灾,圣人不为人知是天下之灾,一切身、家、国、天下、风俗的灾难,都是人事失调的结果。这里没有丝毫鬼神作祟、风水致病的余地。人既然是天地间的精灵,他有力量为自己开创一个幸福的世界,当然也应为社会的罪恶负责,不应相信和依赖鬼神而放弃自己的努力,也不能将罪恶推咎于鬼神而自我开脱。幸福之路在你脚下,而秩祸的契机亦在你的身上,是福是祸全在人之所为。因此,孔子奉劝聪明的统治者:

> 务民之义,敬鬼神而远之!(《论语·雍也》)

将精力放在引导人民从事正义的事业上,对鬼神只可敬事,而不可亲近,表现了孔子亲人事、远鬼神的理性精神。这是孔子鬼神观的基本特征,也是孔子思想中的闪光部分。

尽管孔子对鬼神和死后灵魂问题持怀疑和回避的态度,但这丝毫不减少他对事鬼敬神(包括巫术和占卜)等礼仪活动的极大热情。他似乎可从这些他并不相信其内容的形式中获得什么享受和满足,也似乎要借这一形式贯彻什么劝世的意图。

《论语·尧曰》说孔子"所重:民、食、丧、祭。"将丧祭看得与人民和粮食一样重要。《礼记·昏义》亦谓:"夫礼始于冠,本于昏(婚),重于丧、祭。"以孔子为首的儒家将礼教的重要内容定为"丧祭"。孔子自己特别强调祭祀活动应严肃认真,否则就是不恭敬:"祭如在,祭神如神在。"(《论语·八佾》)祭祖先就好像祖先在那里,祭神就好像神在那里。同理,如果不慎重其事,还不如不祭的好。孔子对尽力满足于事鬼敬神之事的大禹赞赏有加:"禹,吾无间(非议)然矣;菲(薄)饮食而致孝乎鬼神!"(《论语·泰伯》)。都是对事鬼敬神之事(之礼)的承认和赞赏,似乎又与其怀疑和回避鬼神问题的表现互相矛盾。明智如孔子、明白如孔子,何以对鬼神问题如此"斩不断,理还乱"呢?为什么孔子不能在怀疑鬼神的基础上轻而易举地、合乎逻辑地往前再跨一步,得出无神论的结论呢?这可能只有从历史的背景(普遍尊神)和孔子的思想风格(吾从众,重教化)上来找答案。

第三节　孔子鬼神思想探秘

从历史背景看:夏、商、周正处于人类思维的神学阶段,而孔子则刚好居于神学阶段和他自己所开创的理性思维的分界点上。孔子考察三代文化特征说:"夏道尊命(天命),事鬼敬神而远之","殷人尊神,率民以事神,先鬼而后礼","周人尊礼,事鬼敬神而远之"(《礼记·表记》)。大意就是说,夏代尊崇天命,顺服上帝这个至上神,虽然也从事鬼神(多神)的祭祀,但不亲近它,不依赖它。殷人尊崇鬼神(多神),从上到下都敬事鬼神,做事之前都要先问问鬼神,然后才采取行动。周人重视礼乐等人文制度,虽然祭祀鬼神但不亲近它,不依靠它。这种总结基本上是合乎历史实际的。夏道幽远,不可得而详;殷人尊神,则有残存于今的十余万片甲骨卜辞作证。周人在革殷之命的大变革中,已经形成一股怀疑天命和鬼神的思潮,如《尚书·君奭》云"天不可信",《诗·大雅·文王》云"天命靡常",等等。但是否已形成"事鬼敬神而远之"的社会风气,则大可怀疑。既然武王有病,思想进步的周公还向祖先众神祈祷以身相代;既然《周礼》当中还有那样多的诸卜、诸祝、诸巫的设官分职,在"统治阶级的思想从来都是社会占统治地位的思想"(马克思语)的阶级社会,周朝社会纵然不像殷人那样巫风炽烈、鬼里鬼气,想必在生活和意识中,也不缺乏大大小小的神灵了。而在其礼制之中,难免有事鬼敬神的内容。因此,无论是"尊神"的殷代社会,还是"尊礼"的周人社会,鬼神意识和事神敬鬼的活动都是客观存在的,其间只有程度不同的差别,并无有无的不同。孔子思想中这条难以割舍的鬼神的脐带,就是这一社会存在的主观反映,不必多怪。

从孔子的思想风格看,孔子思想有两大特点:一是"从众"(《论语·子罕》),二是寄托。寄托,孔子自谓之"窃取"。《孟子·离娄下》

称孔子作《春秋》，"其事则齐桓晋文，其文则史，其义则丘窃取之也"。其他，如从山中看到仁，从水中看到智，从敧器中看到持中，从弹琴中体会文王之风……都莫不是托物寄意。

从众，表现在不轻改传统，不违忤众人，不标新立异等方面。这就决定了他不会完全抛弃事鬼敬神的祭祀活动，另搞一套，而是使用旧有的、为众人所接受的形式，寓以新意，以施教化。他对于礼乐制度就是如此，司马迁说他是"修起礼乐"（《史记·孔子世家》），即是说他利用旧有礼乐来施行教化，深得当时情态。孔子对卜筮本抱"不占而已矣"（《论语·子路》）的态度，但并不影响他"晚而喜《易》，读之韦编三绝"。他也是希望借当时人们喜闻乐见的卜筮形式，寓教诲和规劝于其中。孔子虽然怀疑鬼神却又慎重其事的个中缘由，当亦作如是观。

寄托型，也是从"从众"发展来的。不欲违众，故不轻易改变旧习；而不满现状，又必须对旧形式寓以新知，注进新内容。廖平说孔子"托古改制"，宋育仁说是"复古改制"，改制未必真，而托古、复古则实有其事。孔子并不靠自创新词来炫人耳目，但一些旧词、旧观念通过孔子之口，便被赋予了新的内容，如"礼、仁、义、天命"等，莫不如此。"思无邪"三字，"思""邪"在《诗经》中都是虚辞，但孔子曰："《诗》三百，一言以蔽之曰：'思无邪。'"（《论语·为政》）则将"思无邪"讲成思想纯正、不存邪念的意思，"思无邪"三字就字字有实义了。

《春秋》一书，更是孔子借史以寓政治与伦理思想之杰作。《史记·太史公自序》和《春秋繁露》皆记孔子的话："我欲载之空言（创作），不如见之于行事之深切著明也。"孔子说：我想凭空说理，又恐不如借已成之事来说教更为深刻简明。于是借鲁史作《春秋》。《孟子·离娄下》揭示说："晋之《乘》，楚之《梼杌》，鲁之《春秋》，一也。其事则齐桓晋文，其文则史。孔子曰：'其（指《春秋》）义则丘窃取之矣。'"《春秋》是鲁国的史书，与晋国的史书《乘》、楚国的史书《梼杌》都同属一族。其中所记载的不过齐桓晋文称霸之事，其内容属于史书,但其中所贯穿的微言大义,却是孔子自己赋予的。"窃取"即寄托。可见,孔子作《春秋》,亦是其寄托型思维的产物。孔子之重视丧祭及事鬼敬神之礼,用意与此相同,亦是借物言意之故伎。此即《周易·观卦》"象传"所云:"圣人以神道设教,而天下服矣。""神道设教"正是孔子"重于丧祭"的夫子自道!

从命意上看,孔子"重于丧祭"的用意有二:一是重礼,二是寓教。首先,孔子重于丧祭,是指重视丧礼、祭礼。历考上文所引各条孔子重丧祭的文献,都可作这样的解释。除了《论语·尧曰》一条未明确所指外,《礼记·昏义》讲的是各种礼仪活动的节次;《论语·泰伯》之言,全文是:"禹,吾无间然矣:菲饮食而致孝乎鬼神,恶衣服而致美乎黻冕(礼服),卑宫室而尽力乎沟洫。"可见亦是侧重于礼乐制度而言。特别是《论语·八佾》的"祭如在,祭神如神在",一个"如"字,告诫人们鬼神的存在是人的假定,并不是真实的存在。

其次,孔子重丧祭之礼的目的在于寓教。在孔子那里,礼不再是人们从事某件事情必须经历的过程,它已经被人们从实际行动中抽象出来,被赋予了特定的伦理、社会和政治的含义。如冠礼,并不是必须通过这一过程才能将发束上,将冠戴上,而是通过此礼来表明受冠者已经长大成人,取得了公民权,从此之后,成年的人就必须受礼的约束,故曰:"礼始于冠。"昏礼,也不是两个男女结合的必经过程,而是通过此礼来表明两个家族的合亲和传宗接代的开始,故曰"礼本于昏"。告朔礼,本来是西周天子颁布历法(朔政)、诸侯敬受朔政的必要形式,但春秋时其颁历布政之功丢失已久,孔子却还要保留它,其原因亦是通过举行此礼,有提醒天子、诸侯不失天道、敬授人时的作用。

以此类推,孔子重乎丧祭之礼,也是注重丧祭礼的教育意义。曾参曰:"慎终(丧)、追远(祭),民德归厚矣!"(《论语·学而》)一语道破"重乎丧祭"之实质。孟懿子问孝,孔子曰"无违",不违并不是不违拗长辈的意见,而是不违背礼教,故他自己解释说:"生事之以礼,死葬之以礼。"(《论语·为政》)丧祭之礼属于"孝"的行为,是行孝的重要内容之一。孝为仁之本,行仁当然要履行丧祭之礼了。无怪乎孔子要"重于丧祭"了!

在神学阶段,鬼神世界非常繁富,鬼格情态各异,那里固然有面目狰狞的厉鬼恶神,也有眉善目慈的"苦海慈航"。利用其中惩恶扬善的众神,可以收奇效于政刑之外。在周人眼里,从上帝(或"天命")到鬼神,不再是无条件地归属于一家一姓,而是有条件的,也是对统治者起监督作用的公正之神、民主之神。《尚书·泰誓上》云:"民之所欲,天必从之。"《尚书·泰誓中》云:"天视自我民视,天听自我民听。"《左传》文公十三年亦云:"天生民而树之君,以利之也。"又襄公十四年云:"天生民而立之君,使司牧之,勿使失性。"又云:"天之爱民也甚矣!岂其使一人肆于民上,以从(纵)其淫而弃天地之性?必不然矣!"等等。天下是天下人的天下,君主是上天为了人民的幸福和利益而设立的,君主的权利和价值就是替天敬保下民,而不是在人民头上作威作福,纵淫肆欲!人民的要求,上天必然要满足;人民的疾苦,上天也必定能察知。上天对于人世的了解,不在乎君主的报告和祝词,而是直接察之民间,体之下情,人民的喜怒就是上天的耳目,不容君主半点弄虚作假。若君主尽职为善,上天则赐福永远,否则将收回成命,将福祚改赐他人。

鬼神也是如此,亦被周人赋予了明察和公正的内容:"神,聪、明、正、直而壹(集中于一身)者也。"(《左传》庄公三十二年)是多种途径察知是非曲直功能的集合;能够"福(赐福)仁而祸淫"(《左传》成公五年),具有赏善罚恶的功能。神的服务对象就是人民:"民,神之主也。"(《左传》僖公十九年)君主是否得到鬼神的佑助,完全看他是否赢得了民心,而不在乎君主礼神事鬼那丰富的献礼和华美空虚的祝词。《左传》桓公六年云:"所谓道,忠于民而信于神也。上思利民,忠也;祝史正辞,信也。……夫民,神之主也,是以圣王先成(安定)民而后致力于神……于是乎民和而神降之福。"忠于民才能信于神,如果人民不获其忠,鬼神必然也就不信。上思利民,才能获得人民的满意;神职人员向鬼神报告真实情况,鬼神才能相信。希望得到鬼神保佑的统治者,与其为祭祀准备丰盛的祭品,还不如对人民好一些。《左传》庄公七年亦云:"鬼神非人实亲,惟德是依,故《周书》曰:'皇天无亲,唯德是辅。'……如是,则非德民不和、神不享矣,神所凭依将在德矣!"鬼神是公正的,不讲情面,唯德是辅。人民才是最大的"菩萨",最高的上帝!

既然鬼神是这样的爱民爱德,而现实政治又是那样的虚伪自私、民冤无告、荒淫昏暴,孔子有何理由,又怎能忍心将鬼神这种威慑统治阶级的力量尽行废去,让昏暴之君肆无忌惮地施虐纵淫,使人民永远在黑暗中煎熬呢?留下这片哪怕是虚幻的(而当时的人并不这样认为)圣土,作为疲惫人心希望的乐土和憩息的良港,也作为暴君污吏望而生畏的最高法庭,从而起到劝善惩恶、扬清激浊的作用,这也许正是孔子的苦心用意所在吧。在科学还比较落后的古代社会,人们无法对鬼神做出合理的解释,对传统的、具有教育意义的神学思维做出过早的、粗暴的摧毁也是不可取的。在整个社会都还沉浸在迷信之中的时候,即使有个别先知先觉(如孔子、子产)解答了,也未必能为大众所接受。这也许是孔子不轻易否定鬼神,不明确指出死后有知无知,以及重视丧祭的原因所在吧。

一边怀疑鬼神,着力于人事;一边又利用丧祭以施教化。顺乎民情,合乎时势,这正是孔子思想的特殊之处,也是孔子鬼神观的实际价值所在!

第十二章　修身之道

——从士人到君子

　　人不同于其他动物。人有社会的法则，不是丛林法则。人据其人格特征，又有不同层次的区别。那么，做怎样的人，怎样做人？这就成了一切脱离自然状态——即动物状态——的人必然考虑的问题，也是一个具有自觉意识，特别是不想碌碌了此一生的人，在行动前和行动中必须考虑的事情。

　　目标在前，蓝图在手，奋勇直前，百折不回……这几乎是古往今来成就大事大业的伟人(或亚伟人)的成功之路。怎样生活才有意义？怎样设计自己才有价值？怎样的人格才是理想的人格？不同的阶级和阶层，不同的时代和时期，不同的思想和流派，各有其不同的答案。

　　在中国的先秦时期，道家所崇尚的理想人格，是超脱于一切社会羁绊，个性绝对自由而又自然的"真人"；墨家崇尚的是"摩顶放踵利天下"，自我牺牲的殉道者；法家崇尚的是面目狰狞，严刑峻法，薄情寡恩，玩弄权术的酷吏；兵家崇尚的是运筹帷幄，决胜千里，争城以战，杀人盈野的名将；名家崇尚的是能倒黑为白，反非为是的诡辩家；农家崇尚的是亲自耕作，自食其力，利用饭后余暇处理政务的劳动者；儒家的理想人格，则是孔子提出的"君子"。君子人格是儒家的修身准则，也是中国历史上激励志士仁人追求自我完善的光辉典范。

　　孔子在谈到如何做人时，常常使用这样几个概念：匹夫、匹妇、士、善人、成人、君子、小人和圣人。现在试析于后。

第一节　大众人格——匹夫·匹妇

匹夫,即普通人。《子罕》载,"子曰:'三军可夺帅也,匹夫不可夺志也'"。匹是匹配之意,夫妇配合,谓之"匹夫匹妇"。古代士大夫以上,正妻之外,皆有妾媵,唯庶人无妾媵,只有夫妻相匹配(见《尚书·尧典》孔颖达疏),故早先的匹夫匹妇就是指庶民。

孔子认为匹夫也有人格个性,倘若他们固守自己的意志,要改变他的个性那简直比夺取三军之帅还要困难! 意志是主观的,一旦固守,便坚不可摧,固不可移。孔子赞赏匹夫的这种坚强个性、忠贞气节,但是并不以此为理想人格。

《论语·宪问》载孔子与子贡论管仲时,提到"匹夫"。子贡曰:"管仲非仁与? 桓公杀公子纠,不能死,又相之。"孔子曰:"管仲相桓公霸诸侯,一匡天下,民到于今受其赐,微管仲,吾其被发左衽矣! 岂若匹夫匹妇之为谅(守节)也? 自经(缢)于沟渎,而莫之知也。"

管仲是春秋初年齐国的政治家,初与召忽共辅公子纠,后来公子纠为公子小白所杀,召忽自尽殉节;管仲则自请为囚。小白即位,是为齐桓公,管仲被开释,做了齐桓公卿相。他辅佐齐桓公内修政理,外合诸侯,尊王攘夷,一匡天下,使齐桓公成为"春秋五霸"中称霸最早、霸业最隆的一代英主! 齐桓公的霸业,实际是管仲的功劳。但是,在公子纠遇难时,作为臣子的管仲并未像召忽一样殉节,这不合乎君辱臣死的古训。

对此,孔门弟子都有疑问,子路曾曰:"桓公杀公子纠,召忽死之,管仲不死",以为"未仁"。子贡也认为"管仲非仁者"。但是,孔子并不这样看,他在答子路之问时曰:"桓公九合诸侯,不以兵车,管仲之力也。如其仁如其仁";在答子贡时又重申了相似的观点,并提出了管仲的"仁"与匹夫匹妇的"谅"的区别。匹夫之"谅",守气节,主忠信。这固然可嘉，但顾惜一己之气节，而忘国家民族之大义，自经于沟渎之中，无益于家国天下，碌碌而生，庸庸而死，这是志士仁人所不效法的。管仲虽然受辱偷生于一时，重死负义于小我，但辅君治国，尊王攘夷，重整了诸侯混战的秩序，解除了夷狄对华夏的威胁，这就实践了国家之大义、民族之大义！这与匹夫匹妇的守节践信不可同日而语。

孔子曰："君子贞而不谅。"（《论语·卫灵公》）贞即持大节，谅即守小节，一者为公，一者为私，一为公德，一为私德，形式相同，而内容迥异。匹夫之谅的不可取，就在于它谨守小节而缺乏大义。

第二节　修身初阶——士

春秋时期，士是一个社会阶层，介乎大夫与庶民之间，有一定的田产，是中小业主。《国语·晋语》说："公食贡，大夫食邑，士食田，庶人食力，工商食官，皂隶食职。"《左传》哀公二年也将士列于大夫与庶人之间，并且说士如果杀敌立功可获得赏田十万，庶民则不能受田。士这个阶层仍然属于"民"的范畴，与"农、工、商"共称"四民"，但士居"四民"之首。与农、工、商以力谋生不同的是，士是以文化知识和武艺技能服务于社会。其中侧重于文化知识的为文士，侧重于武艺的称武士。武士是国家军队和卿大夫卫队的骨干和中坚，文士是国家官员和卿大夫家臣的主要来源。孔子所代表的士为文士，他们砥砺品德，研习道艺，通古今，辨然否，为统治者提供文职服务。《白虎通·爵篇》云："士者，事也，任事之称也。故传曰：'通古今，辨然否谓之士。'"士有专门的住地，便于研习学问和技艺。他们父子相传，世袭其业。《国语·齐语》载管仲对桓公曰："昔圣王之处（安置）士也，使就闲燕（清静之地）"，"令夫士，群萃而州处，闲燕，则父与父言义，子与子言孝，其事君者言敬，其幼者言弟（悌）。少而习焉，其心安焉，不见异物而迁焉。是故其父兄之教不肃而成，其子弟之学不劳而能。夫是，故士之子恒为士"。这就是古代士人生活的生动写照。他们出则友教公卿，居则施教乡间，既是公卿的得力帮手，也是民间学习的师长。

在春秋初年，士这一阶层没有固定的职位，没有固定的主子，也没有明确的国家和政权概念，谁给以禄位，就效命于谁，古语"士为知己者用"正好是这一情况的真实写照。士人的进退非常灵活，来去自便。有的士人还远离祖国，仕宦他邦；有的则避世离俗，成为隐士。前者《论语·微子》中称之为"避人之士"，后者称为"避世之士"。他们都缺乏天下为己任的高尚情操。孔子意识到这部分人改造社会的价值，主张对旧式士人进行新的铸造，使其具备良好的修养、远大的理想、丰富的知识和坚韧的毅力，在道德、知识、体魄上做好出仕的准备。孔子认为：士人的远大理想是"闻道"（"士志于道"）和"成仁"（"仁以为己任"），以探索真理、完善人格为职志，以拯救天下为己任。有了这个志向，他必须克服重重困难，克制种种欲望，先吃苦中苦方为人上人。假若不能吃苦，那就不足以闻道、成仁，就不是一个好的士："士志于道而耻恶衣恶食者，未足与议也。"（《论语·里仁》）"士而怀居，不足以为士矣。"（《论语·宪问》）士人奋斗的起点很低，财力有限，如果立志做一个追求真理（志道）的优秀士人，却又羞于粗淡的衣食，迷恋安乐窝，那他必然会因精力和财力的不足而影响自己的事业和追求。因此曾子曰："士不可不弘毅，任重而道远，仁以为己任，不亦重乎？死而后已，不亦远乎？"（《论语·泰伯》）

士还必须追求广博的知识，并形成系统思想。"孔子曰：'推十合一为士。'"（《说文解字》引）段玉裁注曰："数始于一，终于十，学者由博返约，故云'推十合一'，博学、审问、慎思、明辨、笃行，惟以求其至是（最高真理）也，若一以贯之，则圣人之极致矣。""推十"的"十"即博学；"合一"即"一以贯之"，也就是在博学的基础上归纳成系统的理论，形成系统的思想，即"闻道""知天命"。不过，闻道、知天命的功夫是君子才具备的，而士人就要向这个方向努力，争取进入君子境界。

士人在家庭、社会和政治生活中,也要求具备优雅的形象和良好的影响。子路问怎样才算得上合格士人?孔子曰:"切切偲偲(勉励为善),怡怡(和乐)如也,可谓士矣。朋友切切偲偲,兄弟怡怡。"(《论语·子路》)朋友相互勉励,兄弟之间和睦相处,这就可以说是合格的士了。

子贡亦问孔子曰:"何如斯可谓之士矣?"孔子曰:"行己有耻,使于四方,不辱君命,可谓士矣。"子贡又问:"敢问其次?"孔子曰:"宗族称孝焉,乡党称弟(悌)焉。"子贡又问"其次",孔子曰:"言必信,行必果,硁硁(浅见而固执)然小人哉!抑(或许)亦可以为次矣。"子贡说:"今之从政者何如?"孔子曰:"噫!斗筲(容器)之人,何足算也!"(同前)

这里,孔子将士划分为三个等级:最高的士,立身处世,有羞耻之心;出使四方,不辱君命。前者为道德品质的要求,孔子抓住一个"耻"字来激励士人,如果连羞耻都不讲了,还有什么忠信礼义可言呢?后者为才能的要求,是"士者事也"的本训。稍次一等的士:只有道德修养——孝悌,而无从政才能。第三个等级是:言而有信,行动果决,见识短浅,但守志不渝,这是匹夫匹妇之谅,但比那些背信弃义、不顾廉耻的人要好多了,因而亦可勉强算为士人。

不过,器识狭小的人,即使已经步入政坛,八面威风,那也算不得合格的士人,不值得士人羡慕。仕与不仕,不是士人的标志。孔子心目中的"士",不再是唯禄位是图的趋利之徒,而是具有道义和是非观念的人格自觉了的人,他必须在合乎道义的前提下从政。子张谓曰:"士见危致命,见利思义。"(《论语·子张》)士要在必要的时候才受命出仕,在义的前提下才获取利禄。孔子更具体地说:"夫(士之)达者,质直而好义,察言而观色,虑以下人,在邦必达,在家必达。"(《论语·颜渊》)这段话告诉人们,士人之达,不是采取不正当手段实现的。他品行正直,襟怀坦白,坚持原则;他善于察言观色,态度诚恳,谦逊下人。这种人在大夫之家、在诸侯之国求得的仕路亨通,才叫"士人之达"。否则,品质低劣,心怀鬼胎,没有是非观念,阿谀奉承,笑里藏刀,这种人虽飞黄腾达,也不足为贵。正直的士人,对此应该唾而弃之!

从孔子的论述中,可见士的修养是十分优秀的。但士这个等级仍然是功利型的,不足以作为理想人格。《荀子·子道》载,"子路对曰:'知(智)者使人知己,仁者使人爱己。'(孔)子曰:'可谓士矣'"。可见士人的智和仁,还在于使人知己、爱己,还带有功利的色彩。因此,荀子只把士作为修身的第一阶段("其义始乎为士,终乎为圣人"——《荀子·劝学》),刘宝楠亦认为"士为学人进身之阶"。

第三节　四德共修——成人

成人的本义是成年人,《公羊传》僖公九年云:伯姬卒,因已许嫁而笄,故"死则以成人之丧治之"(《穀梁传》同,《公羊传》文公十二年言叔姬之卒亦同)引申为能以礼约束自己的人,《左传》昭公二十五年:"故人之能曲直(曲折)以赴者,谓之成人。"《说苑·复恩》记晋文公曰:"夫高明至贤,德行全诚,耽(乐)我以道,说我以仁,暴浣(匡正)我行,昭明我名,使我为成人者,吾以为上赏!"更明确地说明了"成人"的具体含义。

孔子所说的"成人"又加入了智慧、廉洁、勇敢和才能等内容。《论语·宪问》载,子路问"成人",子曰:"若臧武仲(臧孙纥)之知(智),公绰之不欲(廉),卞庄子之勇,冉求之艺(多才),文之以礼乐,亦可以为成人矣。"又曰:"今之成人者何必然,见利思义,见危受命,久要不忘平生之言,亦可以为成人矣。"孔子将成人分为两等,上等的成人是智勇过人,廉洁奉公,多才多艺,文质彬彬,是道德与才智结合的完人。这是理想中的成人形象。退而求其次:"见利思义,见危受命",久处于困约而不忘记诺言,这也算一个"成人"。下一等的成人,具有三德：坚持原则（义），见义勇为（忠），言而有信（信），与子张所谓"见危致命，见利思义"的"士"人形象无别。

成人的修养似乎比士要高，但还达不到君子的境界。成人好像还不知道天命，"不知命无以为君子"，故成人亦算不得理想人格。

第四节　登堂入室——善人

善人，是指在政治生活中，以充分的好心善意治理国家的人，《论语·子路》："善人为邦百年，亦可以胜残去杀矣"；"善人教民七年，亦可以即戎（参战）矣"。两处的"善人"皆是此义。《论语·尧曰》："周有大赉，善人是富"，就是说周王室向功臣颁行大奖。

那么，到底怎样才算"善人"呢？《论语·述而》记载孔子之说云："圣人，吾不得而见之矣，得见君子者斯可矣。"又曰："善人，吾不得而见之矣，得见有恒者，斯可矣。"君子次于圣人，善人又次于君子，有恒者又次于善人。有恒者，指矢志不渝追求完善自我的人，即志士。善人大致属于"成人"的等次，是士人通向君子之路的一个阶梯。其具体特征不大清楚。

子张问"善人之道"，孔子答曰："不践（履）迹，亦不入于室。"（《论语·先进》）不知所云。孔安国讲"室"是圣人之室，当为"升堂入室"之"室"；刘宝楠讲"践迹"为"学礼乐之事"。如果孔安国和刘宝楠的解释不误，那么孔子的意思是：不学习礼乐就不能知道圣人的学术精华，就不能进入圣人的堂奥。那么，善人当是依礼而行，努力向圣人身边靠近的人。

第五节　理想人格——君子

一、"君子"释义

"君子"一词,在《论语》中出现了 107 次,其中有伦理学上的意义,也有政治学上的意义,前者表示道德修养中的理想人格,后者指政治生活中的统治者。但这两者都不是"君子"的本义。"君子"的本义,犹如"公子""王子""王孙"等字面昭示的意义一样,指封君的儿子。在周代,凡有封地的人,都可称"君",封君的儿子即"君子",梁启超称之为"少东家",形象而逼真,得其本义。

在孔子以前的古代社会,"学在官府",统治者不仅垄断物质资料,而且垄断精神财富,只有封君的子弟才能进入各级学校学习,庶民子弟被剥夺了受教育的权力;只有封君子弟才具有文化知识,"君子"一词成了知识拥有者的代名词,君子成了一定修养的人格特征。在宗法制与分封制下,封君(尤其是大封君)的儿子往往以封邦建国的形式被封封君,成为治民的统治者,因而"君子"又成了统治者的代名词。《论语·颜渊》上说:"君子之德风,小人之德草,草上之风必偃。""君子不仁者有矣夫,未有小人而仁者。"(《论语·宪问》)"周公谓鲁公:'君子不施(弛)其亲,不使大臣怨乎不以(用)。"(《论语·微子》)都是用"君子"指称统治者。

无论是原始社会军事民主制的遗风(即"选贤举能"),还是中国奴隶社会处于上升阶段统治者实行"学而后从政"(或"学而优则仕")的授官方法,在西周时期,统治者都代表那个时代较高的知识和才能,"君子"从"封君的儿子"演变成了具有才智、善于治民的双重身份,成为社会敬畏和景仰的理想人格。这可能是孔子借用这个陈旧的名词代表他设计之理想人格的历史原因。

随着中国奴隶制日益走向衰落,代表奴隶主利益的统治者的素质越来越差。特别是到了春秋时期,统治者形象一落千丈,他们仅仅凭借血统的高贵获取世袭的职位。而"天子失官,学在四夷",以前"学而后从政"的格局已被"后进于礼乐"的潮流冲破,"少东家"们不再通过"六艺"训练便已进入仕途。他们知识贫乏,技能低下,品德恶劣,不再是名副其实的"君子",被孔子蔑称为"斗筲小人"(《论语·子路》)。他们完全不能成为人民素所景仰的榜样,称呼统治者的"君子"已不再是知识和权力结合的象征,仅仅具有权力地位的意义了。孔子于是借用"君子"一词来称呼人格修养很高的人,并重加塑造,形成了一种完美的理想人格。

二、君子之道:智、仁、勇

君子的基本特征是智、仁、勇。孔子曰:"君子道者三,我无能焉:仁者不忧,知(智)者不惑,勇者不惧。"子贡曰:"夫子自道也。"(《论语·宪问》)君子兼有三德,故不忧,不惑,不惧。在《中庸》中,孔子又把"智、仁、勇"说成是天下之达德,是人类共同的理想人格。美国思想家威尔·杜兰说:"孔子心目中的完人是一个哲圣兼备的圣人,孔子心目中的这个超人,是兼备苏格拉底的'智',尼采的'勇',以及耶稣的'仁'这三达德的完人。"苏格拉底是柏拉图之师,推崇人类智慧,为古希腊哲学之父;尼采为近代哲学家,提倡强者哲学,勇于批判古代,开创未来,为现代新思潮的开路先锋;耶稣是基督教教主,教人博爱友善,为欧美文明之神。孔子所提倡的智、仁、勇三达德,分别包容了西方世界三大哲学神圣的思想主题。可见,孔子的仁者哲学放之四海而皆准,无愧于"达德"之称。

今天看来,孔子关于君子人格智、仁、勇三德的强调,也是非常全面的,同样具有现实意义。智,为智慧,包括充分的知识和察微知著的智略,这是人类共同向往的聪明、自觉、自由的境界。仁,属于德的范畴,以仁慈为怀,以爱人为意,是人类共同推崇的优秀品质。勇,即体魄,包括见义勇为、坚韧弘毅等内容,正是人类希望事业有成必不可少的力量后盾。智、仁、勇三达德,与现代社会提倡的德、智、体全面发展意思相当,具有异曲同工之妙。一个生于两千五百多年前的古人,能有这样全面的认识,确实是难能可贵的。

三、君子风度

君子是道德纯粹、人格完美的人,他具有优秀的品德,高尚的情操,醇熟的处世经验和优雅的行为举止。具体说来,君子心怀充沛的好心善意,爱人利人,无忧无惧。他具有远大理想,既积极入世,以天下为己任;又志趣高雅,自拔于流俗之外。他襟怀坦荡,光明磊落,乐天知命,豁达大度。他知权知变,无偏无颇。他宽以待人,严于律己,成人之美,不成人之恶。他衣食中节,仪表端庄。在政治上,君子爱憎分明,无偏无党;爱民利民,讲信修睦。与仁者品德一样,君子人格亦是人间真善美的化身,时时处处都表现出仁慈、智慧和正义的光彩,将温馨与文明洒满人间,给人以春风般的温暖。

四、怎样当君子

孔子的君子人格理论,是建立在人世间的实践伦理和社会道德基础之上的,它不同于只可向往、不可企及的宗教神圣,它植根于生活,是人间客观存在的美德的提炼和升华。它具有真真切切的亲切感,也具有鼓励人们奋发向上的实践意义。在孔子看来,只要人们时刻保持追求理想人格的意识,并加以恰当的方法,矢志不渝地修炼,人们完全可以进入这个理想的人格境界。孔子是怎样指引我们向君子境界进军的呢?归纳起来有以下几个步骤和注意事项:

其一,必须坚持"仁、义、礼"三项基本原则,坚定明确的政治方向。"君子去(离)仁,恶乎成名?君子无终食之间违仁,造次必于是,颠沛必于是。"(《论语·里仁》)"君子之于天下也,无适(顺从)也,无莫(否定)也,义之与比。"(《论语·里仁》)"君子义以为质,礼以行之。"(《论语·卫灵公》)"君子义以为上。君子有勇而无义为乱,小人有勇而无义为盗。"(《论语·阳货》)

其二，树立远大理想，不贪图享受。"君子谋道不谋食。耕也，馁(饥饿)在其中矣;学也,禄在其中也。君子忧道不忧贫。"(《论语·卫灵公》)"君子食无求饱,居无求安,敏于事而慎于言,就有道而正焉。"(《论语·学而》)

其三,博学于文,上达天道。孔子认为,耕作之事,渔猎工商,都是普通百姓的事,是小人之事(《论语·子路》)。一个想成为君子的人,应志向远大,探求至道。而求道的途径便是学习。道又分为大道(或天命)和小道(文,即具体知识)。君子固然要学习小道,但要存小而志大,以通达大道为极至(即"上达")。他告诫子夏曰:"女为君子儒,无为小人儒。"什么是"君子儒"? 什么是"小人儒"呢? 孔子曰:"君子上达(知天道),小人下达(溺于小知、小道)。"(《论语·宪问》)君子儒知天道,小人儒只知人事以及其他委曲细事。细事并不是不重要,问题是沉溺其中会丧失大志。子夏曰:"虽小道,必有可观者焉。致远(深溺)恐泥(胶执),是以君子不为也。"(《论语·子张》)

其四,形成内在的美质和外在的修仪,让内质与外仪完美统一,成为文质彬彬的君子。孔子曰:"质胜文则野,文胜质则史,文质彬彬(协调),然后君子。"(《论语·雍也》)还要形成庄重的威仪:"君子不重则不威。"(《论语·学而》)

其五,谨言力行,言行一致。"君子……敏于事而慎于言。"(《论语·学而》)"君子欲讷于言而敏于行。"(《论语·里仁》)慎于言故寡过,敏于事(或行)则有功。又子贡问君子,子曰:"先行其言而后从(再说)之。"(《论语·为政》)又曰:"君子耻其言而过其行。"(《论语·宪问》)言行一致是有信的表现:"信近于义言可复(履)也。"在义的前提下许下的诺言,是可以实践的。

其六,正确处理人际关系。"君子求诸己,小人求诸人。"通过与人相处,培养自己严于律己、宽以待人和忠信的品质。

其七,自我反省,时常用君子的标准来检讨自己,包括三戒、三畏、九思等内容。孔子曰："君子有三戒：少之时，血气未定，戒之在色；及其壮也，血气方刚，戒之在斗；及其老也，血气既衰，戒之在得。"(《论语·季氏》)孔子曰："君子有三畏，畏天命，畏大人，畏圣人之言。小人不知天命而不畏也，狎大人，侮圣人之言。"(《论语·季氏》)孔子曰："君子有九思：视思明，听思聪，色思温，貌思恭，言思忠，事思敬，疑思问，忿思难，见得思义。"(《论语·季氏》)

其八，知错就改，绝不文过饰非。子夏曰："小人之过也必文。"(《论语·子张》)子贡曰："君子之过也，如日月之食焉，过也，人皆见之；更(改)也，人皆仰之。"(《论语·学而》)要想成为君子的人通过自我反省，发现错误，及时改正，使无重犯，于是就向完美的方向迈进了一步。人类正是在不断纠正自己的错误中前进的，也是在改正错误后完善的。小人则不然，他们有错必文饰遮掩，"过而不改，是谓过矣！"过上加过，错了再错。小人自以为永远没有错误，所以他永远是小人。君子总是在改正自己的错误，所以他成了君子。

君子代表人间美德，而小人则代表人世之卑污，君子和小人分别代表人格的两个极端。知乎君子，则小人之过亦可避免矣。

第六节　神圣的人格——圣人

"君子"是伦理道德方面的人格情态，"圣人"则是君子人格榜样在政治领域的应用。子路问君子，子曰："修己以敬。"子路又曰："如斯而已乎？"孔子曰："修己以安人。"子路曰："如斯而已乎？"曰："修己以安百姓。修己以安百姓，尧舜其犹病诸。"(《论语·宪问》)"修己以敬"和"修己以安人"分属于伦理道德和社会范畴，"修己以安百姓"则属于政治领域，孔子认为那已是属于尧舜的圣人之业。可见，君子人格上升到政治领域，实现"安百姓"的伟业，便成了圣人。

圣人也是仁者之德在政治领域的进一步升华，以仁者之德从政，成就了"博施济众"之伟业者,即为圣人。子贡曰:"如有博施于民而能济众,何如? 可谓仁乎?"子曰:"何事(只)于仁,必也圣乎! 尧舜其犹病诸!"(《论语·雍也》)

可见,孔子心目中的圣人,在品德上是个爱人的仁者,在人格上是个完美的君子,在事业上是一个伟大的成功者。《大戴礼记·诰志》曰:"仁者为圣。"即此之谓也。这与后世理解的无所不能、无所不知、神秘的圣人似乎有一定区别。

孔子论人格的一大特点,是立足现实,塑造理想。他不忽略普遍的大众人格(即匹夫匹妇),但也不迁就普通人格。他对普通人格有表彰(三军可以夺帅,匹夫不可夺志),但也不局限于普通人格,不主张停留在"匹夫之谅""硁硁守节"的水平。他主张士人应该与匹夫之谅有所不同,那便是知道天命,心怀大志,学习文化,具备才干,具有智、仁、勇,能用礼乐来规范自己,陶冶自己,能任大事,善于处事,举止优雅,待人仁厚的君子。君子是人类美德的结晶,君子是社会道德的典范。他认为具有君子修养的人,如果将自己的品德和才干用于政治,推之天下,广泛地造福于人,施惠于人,那他就成了圣人。孔子的修养论是建立在现实基础之上的,既不玄远,也不神秘,具有极强的实践意义,我们完全可以称之为"实践伦理学"。正因为此,千百年来,孔子的理想人格论,激励了无数有志之士通过修身砥砺,实现了成为仁人、君子和圣人的人生追求。孔子不仅是儒学的先师,也是中国仁人君子群体和圣人者流的先师。他在中国人怎样做人问题上的贡献是十分巨大的,也是举世瞩目的。